U0455895

普通高等教育"十五"国家级规划教材

农业数学实验

孟 军 尹海东 任永泰 编著
傅丽芳 王淑艳 张战国

顾凤岐 葛家麒 审稿

科学出版社

北 京

内 容 简 介

本书为普通高等教育"十五"国家级规划教材,是面向高等农业院校的教学实验课教材。主要内容有:Matlab、SPSS 和 LINGO 3 个教学软件使用方法的介绍,数值计算方法、优化分析、统计分析方向的实验和数据挖掘方法的简介及其实验。本书另辟一章,介绍结合农业生产的实际情况的 10 个综合实验。

本书可以作为农业院校学生数学实验课的教材,也可以作为数学建模课程的辅助教材,同时可供农业科技人员参考。

图书在版编目(CIP)数据

农业数学实验/孟军等编著. —北京:科学出版社,2005
(普通高等教育"十五"国家级规划教材)
ISBN 978-7-03-015542-9

Ⅰ. 农… Ⅱ. 孟… Ⅲ. 农业科学:数学-实验-高等学校-教材
Ⅳ. S11

中国版本图书馆 CIP 数据核字(2005)第 049577 号

责任编辑:周 辉 甄文全 潘继敏/责任校对:宋玲玲
责任印制:徐晓晨/封面设计:陈 敬

科 学 出 版 社 出版
北京东黄城根北街 16 号
邮政编码:100717
http://www.sciencep.com

北京捷迅佳彩印刷有限公司 印刷
科学出版社发行 各地新华书店经销

*

2005 年 7 月第 一 版 开本:787×1092 1/16
2019 年 7 月第二次印刷 印张:12 3/4
字数:292 000

定价:49.00 元
(如有印装质量问题,我社负责调换)

前　言

本教材为普通高等教育"十五"国家级规划教材。

随着计算机技术的迅猛发展和广泛应用,数学在各个学科中的应用也越来越广泛,并成功地解决了科研、生产中的许多问题。在农业生产和科研中数学也起到越来越重要的作用,比如遗传密码的研究、病虫害的控制、遗传育种规律的研究、粮食产量的预测和土壤配方施肥等。一些实验费用较高或在实践中不能实验的研究内容,可以通过建立数学模型,并在计算机上模拟解决其具体的实验问题,数学已经渗透到各个学科不同专业,成为各学科研究工作中不可缺少的工具。因此,面向 21 世纪农业院校所培养的人才对数学素质的要求,不仅要掌握基本数学知识和具有一定逻辑推理能力,还应具有综合运用数学方法,借助计算机解决实际问题的意识和能力。

在传统观念中,学数学只需用脑,不必动手,实际上与其他自然科学一样,数学也需要使用"观察"和"实验"来形成、发展和检验。数学实验与其他自然科学实验不同的是它所面对的不是物质材料,而是图形、数据等非物质材料,或称为思想材料。前一阶段,由于数学学科发展的日益形式化,数学教学也越来越偏重形式,强调逻辑思维能力的培养,而离"观察"和"实验"越来越远,其结果是学生对数学灵魂的领会、数学方法的掌握、数学能力的提高越来越受到限制。但是随着计算机的出现,为数学实验教学提供了强有力的工具。在数学实验的过程中,学生经过:直觉—探试—出错—思考—猜想—验证的过程,极大地激发了学习兴趣,使学生的创造潜能得到了充分的开发,这是数学教学中培养学生的创造性思维和综合能力的有效方法。

实验,从其定义上理解有实施、验证的意思,它是在对实际问题的某种假设和猜想的基础上,借助于外围设备和具体操作方案而实施验证原有思考的过程。猜想和假设是实验内容的来源,验证是实验的目的,外围设备是实验的工具,操作方案是实验的手段。数学实验就是对数学猜想、假设进行验证。在数学的发展历程中,数学家们一直在对数学的猜想和假设进行验证,只不过他们所采用的方法是在纸上进行推演、证明,这种工作只被少数的数学专业人员所熟悉,而对于广大的非数学专业人员却无从所知,并且这样的工作只是解决数学理论问题。我们这里所提到的数学实验是针对非数学专业的学生,主要包括两方面的内容:①培养学生对实践中数学问题的解决能力,使他们能借助于计算机和相关软件,解决这些问题,这与数学建模的思想相似,但数学实验注重对数学问题的假设和求解,而数学建模注重对实际问题的解决;②通过计算机的计算实现对数学猜想和假设的验证。

根据我们对数学实验的理解,将数学实验分为两个层次来开设,第一个层次是对学生的基本技能的训练。第二个层次是培养学生运用所学的数学方法,借助计算机去解决实际问题的能力,这也是在数学课上培养学生创造性思维和综合能力的一个最有效的方法。本书的主要内容是在第一层次的基础上,选择一些综合的题目,让学生应用所学的数学软件,在计算机上求解,既扩大学生的知识面,又激发了学生探索的欲望。我们所编写的教材就是针对第二个层次而进行的。

本书在编写上具有如下特色：

(1) 具有农业院校的特点。本书无论是内容的设计，还是实验例题的选择都考虑到数学在农业上的应用。比如聚类分析、试验设计、线性规划这些方法在农业的科研实践中都经常用到，通过对这些方法的学习，不仅可以使学生掌握数学实验的基本技能和基本方法，还可以加深学生对数学应用的感性认识，为将来走上工作岗位后，应用数学方法解决实际问题打下良好的基础。

(2) 本书介绍了 Matlab、SPSS 和 LINGO 三个数学软件。这三个软件各具特点，Matlab 主要用于进行数值计算和优化计算，SPSS 主要用于统计分析问题的解决，LINGO 主要用于规划问题的计算。这样的编排开阔了学生的视野，使学生对三个软件都有所学习，掌握三个软件各自的优点，保证学生在实验的过程中能够选取最适合的计算软件，尽快完成实验的计算。

(3) 在结构上将单一实验与综合实验相结合。本书的第二、三、四章分别讲解了数值计算、优化分析和统计分析三个方面的基础知识和实验方法，使学生掌握了数学实验的基本知识和相应计算软件的使用。在此基础上，第六章编写了 10 个综合实验，加强学生运用数学方法，借助于数学软件解析综合问题能力的训练。这样使学生既掌握数学实验方面的基础知识，又培养了解决综合问题的能力。

(4) 本书在第五章介绍了数据挖掘方法。数据挖掘方法是近代才兴起的新技术，是计算机技术和数学方法相结合的产物，在当今的信息时代具有广阔的应用前景。通过第五章的学习，可以使学生了解数据挖掘的思想和基本方法，增加学生的学习兴趣，扩大学生的知识面。

本书编写的分工为：东北农业大学的孟军、尹海东负责提出全书编写的总体思想，并负责全书的统稿工作。任永泰、傅丽芳编写第一章，王淑艳编写第二章，任永泰编写第三章，傅丽芳编写第四章，孟军、张战国编写第五章，孟军编写第六章的前 5 个实验，尹海东编写第六章的后 5 个实验。东北林业大学的顾凤岐教授和东北农业大学的葛家麒教授认真审阅了全书，并提出了宝贵的意见，对此表示衷心的感谢。

本书在编写和试用的过程中得到了东北农业大学数学系全体教师的热心帮助，在此表示诚挚的谢意。由于作者水平所限，书中缺点和错误难免，恳切希望得到广大读者的批评和指正！

编者

2005 年 1 月于哈尔滨

目　录

第一章　常用软件的使用

随着计算机技术的迅速发展，在近几十年许多优秀的数学软件相继诞生。到目前为止，比较优秀的数学软件已有 30 余种，应用于数学教学方面的自由软件也不下 10 余种。这些数学软件在开发之初，大都本着减轻数学工作者编程负担的动机，经过数年的开发形成了各自的风格，也奠定了各自的应用领域。纵观这些数学软件，它们有的可以解决数值和符号计算；有的可以广泛应用于科学计算、建模、仿真和数据分析处理及工程作图；有的专攻统计分析、时间序列；有的专攻线性规划。由于应用领域及篇幅的限制，在这里我们只对 Matlab、SPSS、LINGO 这三种比较常用的数学软件的使用作简单的介绍。

第一节　Matlab 软件的使用

Matlab 这个名字是由 MATrix 和 LABoratory 两词的前三个字母组合而成。20 世纪 70 年代后期，美国新墨西哥大学 Cleve Moler 教授用 Fortran 编写了萌芽状态的 Matlab。经过几年的校际流传以及后来 Matlab 以商品形式的出现，到 20 世纪 90 年代初期，Matlab 在数值计算方面就已经独占鳌头。在国际学术界，Matlab 已经被确认为准确、可靠的科学计算标准软件。在设计研究单位和工业部门，Matlab 也被认作进行高效研究、开发的首选软件工具。另外，国内各大高校也将 Matlab 作为数学实验教学的首选软件。

一、Matlab 语言简介

一种语言之所以能如此迅速地普及，显示出如此旺盛的生命力，是由于它有着不同于其他语言的特点，正如同 Fortran 和 C 等高级语言使人们摆脱了需要直接对计算机硬件资源进行操作一样，被称为第四代计算机语言的 Matlab，利用其丰富的函数资源，使编程人员从烦琐的程序代码中解放出来。Matlab 最突出的特点就是简洁。Matlab 用更直观的、符合人们思维习惯的代码，代替了 Fortran 和 C 语言的冗长的代码。给用户带来的是最直观、最简洁的程序开发环境。

（一）Matlab 语言的特色

Matlab 语言的主要特点是：语言简洁，库函数丰富；运算符丰富（事实上 Matlab 是用 C 语言编写的，所以它提供了和 C 语言一样丰富的运算符）；程序语法限制不严格，自由度大；图形功能强大；强大的工具箱；源程序具有开放性。

下面仅就 Matlab 的几个特色举几个例子，让广大读者对 Matlab 有一个感性上的认识。

1. 矩阵求逆问题

例 1.1.1 $A = \begin{bmatrix} 1 & 2 & 3 \\ 3 & 4 & 5 \\ 1 & 1 & 2 \end{bmatrix}$，求 A^{-1}。

Matlab 的解决过程如下：

```
>>A=[1 2 3;3 4 5;1 1 2]
A =
     1     2     3
     3     4     5
     1     1     2
>>A^(-1)
ans =
    -1.5000     0.5000     1.0000
     0.5000     0.5000    -2.0000
     0.5000    -0.5000     1.0000
```

由此可见，对于其他语言，比如 Fortran 和 C 等较难于解决的矩阵求逆问题，Matlab 的解决过程是如此简单。

2. 解方程和求特征值问题

例 1.1.2 设 $A = \begin{bmatrix} 3 & 2 & 4 \\ 2 & 0 & 2 \\ 4 & 2 & 3 \end{bmatrix}$，$B = \begin{bmatrix} 1 \\ 2 \\ 3 \end{bmatrix}$，求 $AX = B$ 的解及 A 的特征值。

Matlab 的解决过程如下：

```
>>A=[3 2 4;2 0 2;4 2 3]
A =
     3     2     4
     2     0     2
     4     2     3
>>B=[1;2;3]
B=
     1     2     3
>>X=A^(-1)*B
X=
     1.5000    -0.7500    -0.5000
>>eig(A)
ans =
    -1.0000    -1.0000     8.0000
```

3. 画出 $z = \frac{1}{4}x^2 + \frac{1}{3}y^2$ 的图形

Matlab 的解决过程是：

```
>>clf,x=-5:5;y=x;[x,y]=meshgrid(x,y);z=1/4*x^2+1/3*y^2;
```

$$\text{surf}(x, y, z);$$
$$\text{hold on, colormap(hot)}; \text{stem3}(x, y, z, 'bo')$$
返回图形(如图 1.1.1)。

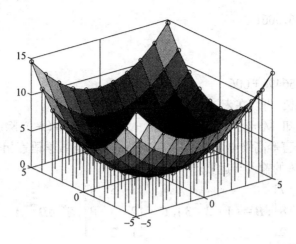

图 1.1.1　$z = \dfrac{1}{4} x^2 + \dfrac{1}{3} y^2$ 图形

4. 验证三角等式: $\sin(\theta_1 - \theta_2) = \sin\theta_1\cos\theta_2 - \cos\theta_1\sin\theta_2$

Matlab 解决过程如下:
$$>> \text{syms cita1 cita2};$$
$$>> y = \text{simple}(\sin(\text{cita1}) * \cos(\text{cita2}) - \cos(\text{cita1}) * \sin(\text{cita2}))$$
$$y =$$
$$- \sin(-\text{cita1} + \text{cita2})$$
表明公式正确。

(二)Matlab 的基本知识

1. 基本运算与函数

在 Matlab 窗口下进行基本数学运算, 只需将数学运算式改写成计算机能够识别的表达式直接键入提示号 >> 之后, 按回车即可。

例 1.1.3　求 $[83 - 6(99 + 7)^2] \div 7^3$ 的算术运算结果。

Matlab 解决过程如下:
$$>> (83 - 6 * (99 + 7)\verb|^|2)/7\verb|^|3$$
$$\text{ans} =$$
$$- 196.3061$$
我们还可以将上述表达式的结果赋给一个变量 a。
$$>> a = (83 - 6 * (99 + 7)\verb|^|2)/7\verb|^|3$$
$$a =$$
$$- 196.3061$$
此时 Matlab 会直接显示 a 的值, 并且在没有再次对 a 赋值的情况下可以调出 a 的

值,也可以使用它:

```
>>a
a =
    -196.3061
>>a^3
ans =
    -7.5649e+006
```

如果表达式很长,可以在末尾加…,并在下一行继续输入。

由例 1.1.3 可知,Matlab 识别所有的加(+)、减(-)、乘(*)、除(/)以及幂运算(^),并且优先级与 C 语言等高级语言完全相同,当然同样也与数学语言相一致。

例 1.1.4 矩阵的输入与运算。

设 $A = \begin{bmatrix} 1 & 4 & 7 \\ 2 & 5 & 8 \\ 3 & 6 & 9 \end{bmatrix}$, $B = \begin{bmatrix} 1 & 2 & 3 \end{bmatrix}$, $C = \begin{bmatrix} 1 & 5 & 9 \\ 2 & 3 & 8 \\ 1 & 2 & 1 \end{bmatrix}$, 求 AB^T, $A - C$, $3A$。

Matlab 解决过程如下:

```
>>A=[1 4 7;2 5 8;3 6 9];
>>B=[1 2 3];
>>C=[1 5 9;2 3 8;1 2 1];
>>A*B'
ans =
    30    36    42
>>A-C
ans =
    0    -1    -2
    0     2     0
    2     4     8
>>3*A
ans =
    3    12    21
    6    15    24
    9    18    27
```

由此例可以看出 Matlab 对于矩阵的输入与运算也是非常简洁的,并且与数学习惯是很接近的。另外 A=[1 4 7;2 5 8;3 6 9]中的"[ ]"表示数组,空格是元素之间的分隔符,可以用","代替,";"是行分隔符表示换行。而语句末尾的";"用来抑制输出,加";"则本行命令不输出结果,不加则输出结果。

例 1.1.5 矩阵元素的调用。Matlab 对矩阵元素的调用、修改、增加是非常灵活的,这一点为编程人员提供了极大的方便。

可以给 A 赋一个空矩阵,而后期可以对 A 这个矩阵自由操作。

```
>>A=[ ]
```

A=
   [ ]
A(1,1)=5
A=
   5

此时,Matlab 把矩阵 **A** 赋成 1×1 阶矩阵。

>>A(2,3)=7
A=
   5   0   0
   0   0   7

此时,Matlab 又把 **A** 扩张成 2×3 阶矩阵,这一点其他高级语言做起来是很困难的。

>>B=[1 2 3 4;5 6 7 8;9 1 2 3]
>>B =
       1   2   3   4
       5   6   7   8
       9   1   2   3
>>B(2,3)   %调出 B 的第二行第三列的元素
ans=
   7

>>B(2,:)   %调出 B 的第二行的元素
ans=
   5   6   7   8

C=B(:,3)   %调出 B 的第三列的元素并赋给 C
C=
   3
   7
   2

>>B(2:3,1:3)   %调出 B 的第二行到第三行,第一列到第三列元素(子矩阵)
ans=
   5   6   7
   9   1   2

>>B([1 3],[1 3 4]) %调出 B 的第一、三行,第一、三、四列交叉得到的子矩阵
ans=
   1   3   4
   9   2   3

>>B([1 3],:)=[ ]   %删除 B 的第一、三行
B=
   5   6   7   8

>>B=[B;1 1 1 1]   %将 1,1,1,1 加到 B 的第四行

B=

$$\begin{array}{cccc} 5 & 6 & 7 & 8 \\ 1 & 1 & 1 & 1 \end{array}$$

\>\>B(:,:)   %相当于>>B

ans=

$$\begin{array}{cccc} 5 & 6 & 7 & 8 \\ 1 & 1 & 1 & 1 \end{array}$$

例1.1.6 关于向量的运算。

\>\>X=[1 2 3 4];

\>\>Y=[5 6 7 8];

\>\>min(X)   %返回 X 中元素的最小值

ans=

1

\>\>mean(Y)   %返回 Y 中各元素的平均值

ans =

6.5000

\>\>dot(X, Y)   %返回 X 与 Y 的内积

ans=

70

关于向量运算的函数还有很多,表1.1.1给出了部分此类常用的函数。

表1.1.1 常用函数(x 为向量)

函数名	函数意义
min(x)	向量 x 的元素的最小值
max(x)	向量 x 的元素的最大值
mean(x)	向量 x 的元素的平均值
median(x)	向量 x 的元素的中位数
std(x)	向量 x 的元素的标准差
diff(x)	向量 x 的相邻元素的差
sort(x)	对向量 x 的元素进行排序(sorting)
length(x)	向量 x 的元素个数
norm(x)	向量 x 的欧几里得(Euclidean)长度
sum(x)	向量 x 的元素总和
prod(x)	向量 x 的元素总乘积
cumsum(x)	向量 x 的累计元素总和
cumprod(x)	向量 x 的累计元素总乘积
dot(x, y)	向量 x 和 y 的内积
cross(x, y)	向量 x 和 y 的外积

例1.1.7 关于特殊矩阵的生成。

```
>>eye(3)                    %生成 3 阶单位阵
ans =
     1    0    0
     0    1    0
     0    0    1
>>eye(3,4)
ans =                       %生成 3×4 阶"单位阵"(此处是 Matlab 不同
     1    0    0    0       %于数学理论之处,姑且也将它称为单位阵)
     0    1    0    0
     0    0    1    0
>>A=[1 2 3 4;5 6 7 8;1 0 0 0]
A =
     1    2    3    4
     5    6    7    8
     1    0    0    0
>>length(A)                 %返回矩阵 A 的行数与列数中的最大值
ans =
     4
```

关于此类的函数还有很多,表 1.1.2 给出用函数建立矩阵的几种常用方法。

表 1.1.2   建立矩阵的常用方法

函数名	函数意义
eye(n)	生成 n 阶单位方阵,n 为正整数
eye(m, n)	生成 m×n 阶单位阵
zeros(n)	生成 n 阶 0 方阵
zeros(m, n)	生成 m×n 阶 0 阵
rand(m, n)	生成 m×n 阶随机数矩阵
diag(A)	取 A 的对角
tril(A)	取 A 的下三角
triu(A)	取 A 的上三角

例 1.1.8 计算 $\cos(20)e^{-3}$ 的值。

```
>>y=cos(20) * exp(-3)
y =
    0.0203
```

cos 是余弦函数,exp 是指数函数,表 1.1.3 中列出了常用的数学函数。

Matlab 还提供了大量的数学函数,在这里由于篇幅的限制不再一一列出,读者可以在使用时查阅相关文献。

表 1.1.3 常用数学函数

函数名	函数意义
abs(x)	纯量的绝对值或向量的长度
angle(x)	复数 x 的相角
sqrt(x)	开平方
real(x)	复数 x 的实部
imag(x)	复数 x 的虚部
conj(x)	复数 x 的共轭复数
round(x)	四舍五入至最近整数
fix(x)	无论正负,舍去小数至最近整数
floor(x)	地板函数,即舍去正小数至最近整数
ceil(x)	天花板函数,即加入正小数至最近整数
rat(x)	将实数 x 化为分数表示
rats(x)	将实数 x 化为多项分数展开
sign(x)	符号函数。当 x<0 时,sign(x) = −1;当 x=0 时,sign(x)=0;当 x>0 时,sign(x)=1
sin(x)	正弦函数
cos(x)	余弦函数
tan(x)	正切函数
asin(x)	反正弦函数
acos(x)	反余弦函数
atan(x)	反正切函数
atan2(x, y)	四象限的反正切函数
sinh(x)	超越正弦函数
cosh(x)	超越余弦函数
tanh(x)	超越正切函数
asinh(x)	反超越正弦函数
acosh(x)	反超越余弦函数
atanh(x)	反超越正切函数

例 1.1.9 Matlab 中的逻辑运算与关系表达式。

>>A=[0 2 1 5;1 2 7 0];

>>B=[4 0 7 9;1 1 0 2];

>>A&B

ans =

    0   0   1   1

    1   1   0   0

Matlab 并没有单独定义逻辑变量。在 Matlab 中,数值只有"0"和非"0"的区分。非 0 往往被认为是逻辑真,或逻辑 1。除了单独两个数值的逻辑运算外,像刚才的例子,Matlab 还支持矩阵的逻辑运算。另外 Matlab 的大于、小于和等于关系分别由 >、< 和 = =表示。判定方法不完全等同于 C 这类只能处理单独标量的语言。Matlab 关系表达式返回的是整个矩阵,如例 1.1.10。

例 1.1.10

>>B=[1 2 3 4;5 6 7 8];

```
>>A=[1 3 5 7;2 4 6 8];
>>A= =B
ans =
    1    0    0    0
    0    0    0    1
```

确实使得 A 与 B 对应元素相等的位将返回 1，否则返回 0。Matlab 还可以用＞＝和＜＝这样的符号来比较矩阵对应元素的大小。

另外，Matlab 还提供了 all（）和 any（）两个函数来对矩阵参数作逻辑判定。all（）函数在其中变元全部非 0 时返回 1，而 any（）函数在变元有非零元素时返回 1。Find（）函数将返回逻辑关系全部满足时的矩阵下标值，这个函数在编程中相当常用。还可以使用 isnan（）类函数来判定矩阵中是否含有 NaN（无穷大型）数据，若有则返回这样参数的下标。此类函数还有 isfinite（）、isclass（）和 ishandle（）等。

由于 Matlab 的函数非常丰富，我们以上仅仅是介绍了一些比较常用的，读者可以查阅一些相关文献和书籍来获取更多的函数。

2. Matlab 的语句流程与控制

作为编程语言的 Matlab，它支持多种流程控制结构，比如循环结构、条件转移结构、开关结构，另外还支持一种全新的试探结构。

循环语句有两种结构：for... end 结构和 while... end 结构，这两种循环结构各有特色，并不完全相同。for... end 语句的常用格式为：

```
for      循环变量＝S₁:S₂:S₃
         循环体语句组
end
```

例 1.1.11 用 for 循环结构给数组 X 赋予 1 到 10 这 10 个整数。

```
>>for i＝1:10; X(i)＝i;
    end;
>>X(回车)
X =
    1    2    3    4    5    6    7    8    9    10
```

在这个例子中 $S_1=1$、$S_3=10$、S_2 默认为 1 且可以省略。另外，在 Matlab 中，S_2 可以为负值或非整数，这一点与其他高级语言有所不同。另外在实际编程中采用循环语句会降低执行速度，所以前面的程序可由下面命令代替：i＝1:10。当然由于 10 很小，看不出速度的差异，若改成 1000 就看出后者执行速度更快些。

while 循环结构的调用格式为：

while(循环控制表达式)，循环体语句组   end

例 1.1.12 求 $\sum\limits_{i=1}^{100} i$ 的值。

```
>>S＝0; i＝1; while(i＜＝100), S＝S+i; i＝i+1; end
>>S
S =
```

5050

条件转移语句的调用格式为:

```
if      条件式 1
        条件块语句组 1
elseif  条件式 2
        条件块语句组 2
…
else    条件块语句组 n
end
```

例 1.1.13　一个简单的转移结构。

```
＞＞cost＝10;
＞＞number＝12;
＞＞if number＞8
sums＝number * 0.95 * cost;
end;
＞＞sums
sums ＝
        114.0000
```

Matlab 从 5.0 版开始提供了开关语句结构,其基本语句结构为:

```
switch  开关表达式
case    表达式 1
        语句段 1
case    {表达式 2,表达式 3,…,表达式 m}
        语句段 2
…
otherwise
        语句段 n
end
```

当表达式的值等于表达式 1 时, 执行语句段 1, 执行完语句段 1 后将转出开关体。当需要在开关表达式满足若干个表达式之一时执行某一程序段, 则应该把这样的一些表达式用大括号括起来, 中间以逗号分开。当前面列举的所有表达式都不满足时, 则执行语句段 n。在 case 语句引导的各表达式中, 不要重复使用表达式, 否则列在后面的开关通路将永远也不能执行。另外执行结果和 case 语句次序是无关的。

Matlab 从 5.2 版开始提供了一种全新的试探结构, 调用格式为:

```
try
        语句段 1
catch
        语句段 2
end
```

此结构首先试探性地执行语句段 1，如果在此段执行中出现错误，则将错误信息赋给 laster 变量，并放弃这段语句，而转向执行语句段 2。

二、Matlab 的 M 文件的编写

前面讲述的关于 Matlab 的一些使用，均是在 Matlab 命令窗口的行编辑状态下进行的，而如果读者想灵活运用 Matlab 去解决较复杂的实际问题，则必须对 M 文件的编写有所了解。

Matlab 的 M 文件又称 M 函数，它是由 function 语句引导的，其基本格式如下：

Function　　[返回变量列表]＝函数名（输入变量列表）

注释说明语句段由%引导（此部分为注释行，并不执行，是为了解释此函数，用以提高程序的可读性）

输入，返回变量格式的检测

函数体语句

建立 M 文件的步骤是比较简单的，在 Matlab 命令窗口被打开后，点击 File→New→M-file 或单击新建图标就打开了一个 M 文件。

Matlab 文件编辑调试器为 Matlab Editor/Debugger，其窗口名为 untitled，用户可以在空白窗口编写程序。比如我们编写一段程序如下：

```
function  A = myhilb(n, m)

B = zeros(n, m)
   for i = 1:n
     for j = 1:m
       B(i, j) = 1/(i + j - 1)
     end
   end
   B
```

输入后点击保存，则系统弹出对话框，如图 1.1.2 所示。

不必更改文件名，单击保存即可，然后回到 Matlab 命令窗口。

```
>>myhilb (2, 3)
b =
    1.0000    0.5000    0.3333
    0.5000    0.3333    0.2500
```

本例是想生成 n×m 阶的 Hilbert 矩阵，它的第 i 行第 j 列元素值为 $1/(i+j-1)$。函数的调用与库函数格式大致相同。

M 函数格式是 Matlab 程序设计的主流，我们这里仅用一个例子对 M 文件的编写和调用作简单的介绍。事实上，Matlab 语言不论从语法还是函数或者库函数以至于 M 函数格式等等，都是非常丰富的，不夸张地说 Matlab 博大精深，但由于篇幅的限制，我们也只能以点代面，在实际使用中，广大读者必须参阅有关 Matlab 的参考文献才能做到灵活运用。

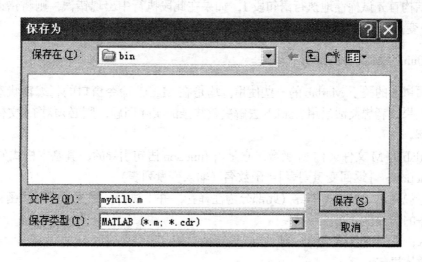

图 1.1.2　Matlab 文件编辑对话框

第二节　SPSS 简 介

SPSS（statistical package for social science）是世界三大标准统计软件之一，1966 年由美国斯坦福大学研制，迄今为止，经过数次版本的更新，已成为能够支持多种操作系统的通用性很强的统计软件，在自然科学和社会科学各个领域的研究中有着广泛的应用，目前已成为世界上最流行的统计软件包之一。

SPSS 具有操作简单、统计功能齐全、数据交换功能强大以及多视窗组合等特点。它具有强大的统计分析和图表功能，不但可以进行各种类型的数据分析，而且可以绘制各种统计报表及可视化的二维、三维统计图形。与其他统计软件（如 SAS，SPLUS）相比，SPSS 具有更多突出的优点，其统计功能更为完备，应用更广泛。

本节简要介绍 SPSS 10.0 for Windows 的使用方法。

一、SPSS 10.0 for Windows 的系统环境

SPSS 10.0 for Windows 软件包同其他 Windows 的应用程序（如 Word，Excel）一样，工作环境是由窗口、菜单和对话框等组成的。

SPSS 有几种不同类型的窗口，分别提供不同的操作环境和界面，常用的有 Data Editor（数据编辑窗）、Viewer（结果输出窗）、Chart Editor（统计图编辑窗）、Syntax Editor（命令语句编辑窗）、Script Editor（程序编辑窗）等。

其中数据编辑窗（SPSS Data Editor）是一个集数据输入、编辑、变换以及数据文件整理、统计分析、统计制图绘制等多种功能于一体的工作环境。它有两个界面：Vararible View 界面用于定义数据文件中的变量，包括定义变量的名称、类型、字节长度和小数位数等；Data View 界面用于数据的输入、编辑以及数据文件的管理等。SPSS Viewer 是 SPSS 大多数程序的运行结果显示窗口，一方面用户可在其中查阅统计分析结果，另一方面它又是一个文本编辑窗，用户可对输出文本进行修改、删除、拷贝等操

作。结果输出窗 Viewer 分为左、右两部分：左边为大纲输出区，大纲由若干项目按一定层次组成，包括过程名、标题（Title）、注释（Notes）、文本（Text output）和分析结果中较为重要的统计表（Pivot chart）等；右边为文本图形输出区，显示具体的统计分析结果，其内容与左边的大纲相对应，以上这两个窗口是 SPSS 软件最常用的窗口。

二、SPSS 10.0 for Windows 的基本运行方式

使用 SPSS 进行统计分析的基本步骤为：

（1）在 SPSS Data Editor 窗口中，创建数据文件，定义变量及其属性，然后输入数据并进行整理。

（2）根据需要从统计分析菜单中选择适当的统计分析方法。

（3）打开所选择的统计分析过程中的各级对话框，根据需要选择适当的分析变量、分析方法，并完成相应的参数设置。

（4）程序运行后，在 SPSS Viewer 窗口中查看分析结果，并结合实际，得出最终分析结论。

SPSS 10.0 for Windows 有三种运行方式，分别为全屏幕窗口菜单运行方式、程序运行方式以及上述两种方式的混合运行方式。其中全屏幕窗口菜单运行方式中，用户只需根据需要在菜单窗口中选择适当的菜单项，在弹出的各级子对话框中选择或输入必要的参数值等，便可以提交系统，运行得出分析结果。这种方式可完成 SPSS 中大部分统计分析过程，其操作简单，适于初学者，本书以介绍和使用该方式为主。

三、SPSS 中数据文件的调用

SPSS 10.0 for Windows 可以调用或访问 13 种外部文件，储存或输出 14 种内部数据文件，具有很强的数据转换功能，给用户带来极大的方便。

常用的可以被 SPSS 读取或由 SPSS 输出的文件类型有：

（1）SPSS（＊.sav）　即 SPSS 数据文件。

（2）SPSS（＊.spo）　SPSS 中的分析结果文件。SPSS 中统计分析或绘图结果, 均以扩展名为＊.spo 的文件储存。

（3）SPSS（＊.sps）　语法程序文件。用户通过窗口菜单选择统计分析过程及相应参数后, SPSS 将自动生成相应的语法命令程序，并生成以＊.sps 为扩展名的程序文件。

（4）Excel（＊.xls）　Excel 中电子表格文件。

（5）dBASE（＊.dbf）　dBASE 各版本中数据文件。

四、SPSS 10.0 for Windows 统计分析功能概述

在数据窗口建立或读入数据文件后，如何选择适当的统计分析方法，得出正确的分析结果是使用 SPSS 的关键步骤。

SPSS 10.0 for Windows 统计分析过程可分为数据分析过程和作图分析过程两大类，每一类都含有许多功能强大的子程序模块，各个版本中统计分析过程略有不同，以下以 SPSS 10.0 为例简要介绍。

数据分析过程编排在统计分析 Analyze 模块中，该下拉菜单中有 13 个主命令（过

程）和 52 个子命令（子过程）：

（1）统计报表（Reports），包括（在线）分层分析（OLAP Cubes）、个案综合分析（Case Summaries）、按行综合统计报表（Reports Summaries in Rows）和按列综合统计报表（Reports Summaries in Columns）。

（2）描述性统计分析（Descriptive Statistics），包括单变量频数分析（Frequencies）、描述性分析（Descriptive）、探索性分析（Explore）和列联表分析（Cross table）。

（3）均数比较分析（Compare Means），包括平均数分析（Means）、单个总体 T 检验（One-Sample T Test）、独立样本 T 检验（Independent-Samples T Test）、配对样本 T 检验（Paired Samples T Test）以及单因素方差分析（One-Way ANOVA）。

（4）一般线性模型（General Linear Model），包括单变量方差分析（Univariate）、多变量方差分析（Multivariate）和重复测量方差分析（Repeated Measure）等。

（5）相关分析（Correlate），包括双变量相关分析（Bivariate），偏相关分析（Partial）、距离相关分析（Distances）。

（6）回归分析（Regression），包括线性回归分析（Linear）、曲线拟合（Curve Estimation）、二值多元 Logistic 回归分析（Binary Logistic）、多项多元 Logistic 回归分析（Multi nominal Logistic）和非线性回归分析（Non Linear）等。

（7）对数线性分析（Log Linear），包括一般对数线性分析（General）、Logit 分析等。

（8）分类分析（Classify），包括动态聚类分析（K-Means Cluster）、系统聚类（分层聚类）分析（Hierarchical Cluster）和判别分析（Discriminant）。

（9）数据简化分析（Data Reduction），包括因子分析（Factor）等。

（10）尺度分析（Scale），包括可靠性分析（Reliability Analysis）和多维尺度分析（Multidimensional Scaling）。

（11）非参数检验（Nonparametric Tests），包括卡方（χ^2）检验（Chi-Square）、二项式检验（Binomial）和游程检验（Runs）等。

（12）生存分析（Survival），包括寿命表（Life Tables）、Cox 回归分析（Cox Regression）等。

（13）多重响应分析（Multiple Response），包括多重频数分析（Frequencies）、多重列联表分析（Cross Tables）等。

本书中所用到的统计分析过程的具体使用方法将在相应章节中详细讲解，其他过程的使用方法请参阅相关的 SPSS 书籍。

SPSS 的作图模块（Graphs）能绘制简明生动、形象直观的图形来表现统计资料的分布特征，Graphs 模块提供了如下 18 种基本统计图类型：

（1）画廊（Gallery），提供 17 种主要图形的轮廓。

（2）交互绘图（Interactive），有多种绘图形式，包括条形图（Bar）、点图（Dot）、线图（Line）、饼图（Pie）、箱尾图（Box plot）和直方图（Histogram）等。

（3）条形图（Bar Charts），包括简单条形图（Simple）、堆栈条形图（Stacked）等。

（4）线图（Line Charts），包括简单线图（Simple）、多重线图（Multiple）、垂直线图（Drop-line）。

（5）面积图（Area Charts）。

（6）饼图（Pie Charts）。

（7）高低图（High-low Charts）。

（8）帕累托图（Pareto Charts）。

（9）控制图（Control Charts），包括平均值（X-Box）、极差（R）、标准差（S）控制图和属性（如不合格品率或不合格品数）控制图（p, np）等。

（10）箱形图（Box Plot）。

（11）误差条形图（Error Bar Charts）。

（12）散点图（Scatter Plot），包括简单散点图（Simple）、重叠散点图（Over Lay）和三维散点图（3-D，XYZ）等。

（13）直方图（Histogram）。

（14）P-P图（P-P Plots）。

（15）Q-Q图（Q-Q Plots）。

（16）序列图（Sequence Charts）。

（17）受试者工作特征曲线（Roc-Curve，Receiver Operating Characteristic）。

（18）时间序列图（Time Series），包括自相关时间序列图（Auto-Correlations）、互相关时间序列图（Cross-Correlations）和谱系图（Spectral）。

本书第四章第一节将介绍一些常用统计图形的使用方法。

五、SPSS 常用函数

SPSS 10.0 for Windows 中有 11 种类型 136 个常用函数，能充分满足广大用户的实际需要。

SPSS 中最常用的几类函数为：

（1）算术函数（Arithmetic Functions）。

（2）积累分布函数（Cumulative Distribution Functions）。

（3）逆分布函数（Inverse Distribution Functions）。

（4）逻辑函数（Logical Functions）。

（5）随机变量函数（Random Variable Functions）。

（6）样本统计函数（Statistical Functions）。

（7）字符函数（String Functions）。

各类函数的具体调用方法请参阅相关 SPSS 书籍。

第三节　LINGO 软件的使用

LINGO 软件是由美国芝加哥 LINGO 系统公司研制的。1996 年实现商品化以来，根据用户的反馈信息、线性和非线性规划的理论和方法以及微机发展的需要，不断地改进版本。目前已经成为世界上最流行的软件之一。

为了以简短的篇幅使读者迅速地了解 LINGO 软件，下面用例 1.3.1 来说明 LINGO 软件的基本概念。启动 LINGO 软件后，界面如图 1.3.1 所示。

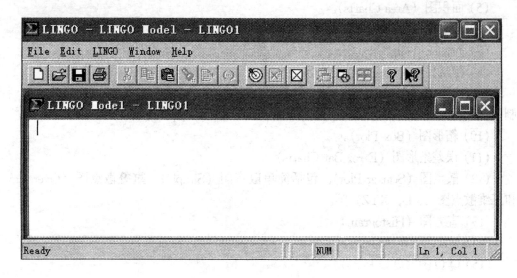

图 1.3.1 LINGO 命令窗口

例1.3.1 在命令窗口中输入：

max＝2＊x＋3＊y；

x＋y＜＝100；

这就是一个最简单的线性规划，输入后，按求解键 ![]，LINGO 就会给出计算结果。其中结果用求解窗口的形式给出，如图 1.3.2 所示。

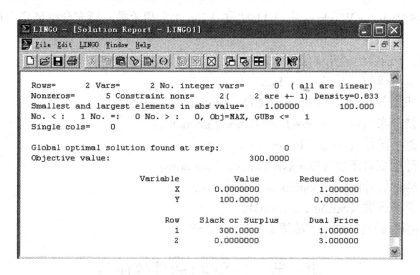

图 1.3.2 LINGO 结果输出窗口

此处，2＊x＋3＊y 为目标函数，本例中求最大值。x＋y＜＝100 为约束条件，而 x、y 为变量。LINGO 中的每一行都以分号结束。如果有多个约束条件，就从上面的第三行一直往下写。LINGO 中"＜"与"＜＝"均代表"＜＝"，"＞"与"＞＝"也均代表"＞＝"。LINGO 中的注解命令是符号"！"，若一个命令或语句一行写不下，可以分多行写，但是最后结束命令时必须以分号"；"结束。一行内可写多个命令，只要每个命令用分号分开即可，也就是说，分号是 LINGO 的分隔符。LINGO 的命令不区分大小写，当在 LINGO 中定义变量时，每个变量都要以 26 个字母中的某个字母开始，后面可跟数字或者下划线，最长为 32 个字符。

例1.3.2 下面是一个最简单的非线性规划，它实质上是求 $(x-y)^2+(z-2)^2+4$ 的最小值。在 LINGO 命令窗口中输入下式后，按求解图标，计算结果如图 1.3.3 所示。

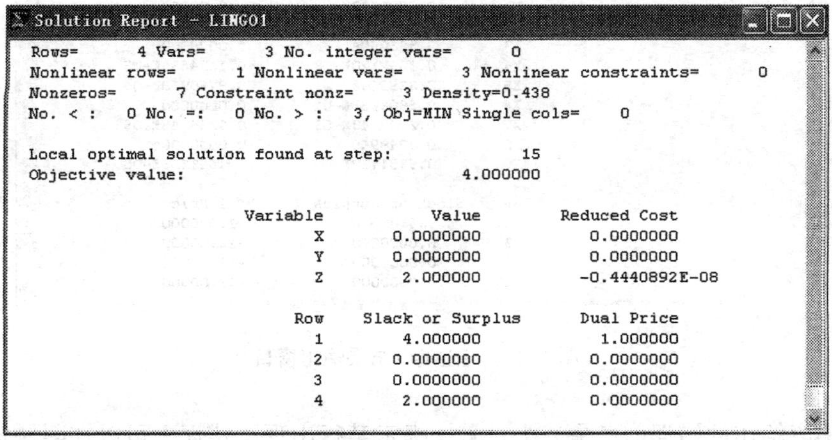

```
Solution Report - LINGO1

Rows=        4 Vars=       3 No. integer vars=      0
Nonlinear rows=      1 Nonlinear vars=     3 Nonlinear constraints=    0
Nonzeros=       7 Constraint nonz=     3 Density=0.438
No. < :   0 No. =:   0 No. > : 3, Obj=MIN Single cols=    0

Local optimal solution found at step:          15
Objective value:                       4.000000

           Variable         Value      Reduced Cost
                  X     0.0000000       0.0000000
                  Y     0.0000000       0.0000000
                  Z     2.000000      -0.4440892E-08

                Row  Slack or Surplus    Dual Price
                  1      4.000000        1.000000
                  2      0.0000000       0.0000000
                  3      0.0000000       0.0000000
                  4      2.000000        0.0000000
```

图 1.3.3　LINGO 结果输出窗口

$$\min = x^2 - 2 * x * y + y^2 + z^2 - 4 * z + 8;$$
$$x > = 0; \ y > = 0; \ z > = 0;$$

例1.3.3 下面目标函数的原型是 $(x1+2*x2+3*x3+4*x4+\cdots+8*x8+9*x9)^2$。在 LINGO 命令窗口中输入下列命令：

$\min = x1^2 + 4 * x1 * x2 + 4 * x2^2 + 6 * x1 * x3 + 12 * x2 * x3 + 9 * x3^2 + 8 * x1$
$* x4 + 16 * x2 * x4 + 24 * x3 * x4 + 16 * x4^2 + 10 * x1 * x5 + 20 * x2 * x5$
$+ 30 * x3 * x5 + 40 * x4 * x5 + 25 * x5^2 + 12 * x1 * x6 + 24 * x2 * x6 + 36$
$* x3 * x6 + 48 * x4 * x6 + 60 * x5 * x6 + 36 * x6^2 + 14 * x1 * x7 + 28 * x2$
$* x7 + 42 * x3 * x7 + 56 * x4 * x7 + 70 * x5 * x7 + 84 * x6 * x7 + 49 * x7^2$
$+ 16 * x1 * x8 + 32 * x2 * x8 + 48 * x3 * x8 + 64 * x4 * x8 + 80 * x5 * x8 +$
$96 * x6 * x8 + 112 * x7 * x8 + 64 * x8^2 + 18 * x1 * x9 + 36 * x2 * x9 + 54 *$
$x3 * x9 + 72 * x4 * x9 + 90 * x5 * x9 + 108 * x6 * x9 + 126 * x7 * x9 + 144$
$* x8 * x9 + 81 * x9^2;$
$3 * x3 + 4 * x4 > = 1;$
$5 * x5 + 6 * x6 + 7 * x7 > = 2;$
$8 * x8 + 9 * x9 > = 3;$

按求解图标，计算结果如图 1.3.4 所示。

在 LINGO 中，输入约束条件时，如果约束条件很多，那么当某个限制条件出错

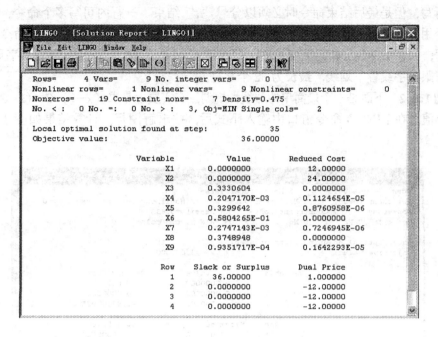

图 1.3.4　LINGO 结果输出窗口

时，LINGO 给出的错误信息是一个行号，提示某行出现了错误，可以在限制条件前面加上用方括号括起来的某个字符串，那么此时限制条件出错，LINGO 给出的错误信息就会一目了然。而且 LINGO 最后给出的分析结果的可读性也得以提高，当然这个字符串应该符合变量的定义规则。

　　以上是对 LINGO 所作的最简单的介绍，LINGO 中提供了一个详细的帮助文件，可在 LINGO 的 HELP 菜单中找到，同时它也提供了几十个演示程序，这可以在 LINGO 中打开 FILE 菜单的 OPEN 选项，然后选取 \ LINGO 目录中的 \ SAMPLES 子目录，都是 LINGO 的例子，用 OPEN 打开后即可求解。由于目前关于 LINGO 应用的中文书籍还比较少，有兴趣的读者可以仔细研究 LINGO 的帮助文件和 LINGO 提供的演示程序。

第二章　数值化方法

数值计算是利用计算机技术处理实际问题的一种关键手段，从宏观天体运动学到微观分子细胞学说，从工程系统到非工程系统，无一能离开数值计算。它使各科学领域从定性分析走向定量分析，从粗糙走向精密。我们构造一个数值算法时，既要面向数学模型，使算法尽可能地仿真问题的模型，同时还要面向计算机及其程序设计，要求算法具有递推性、简洁性及必要的准确性，使其可以借助计算机最终在尽可能少的时间内获得符合原问题要求精度的最优解。本章介绍了几种工程技术领域中常用的数值计算方法，并给出算法在 Matlab 软件中的实现程序。

第一节　插值与拟合

一、插值法

我们在实际问题中遇到的相当一部分函数 $y = f(x)$ 是通过实验或观测得到的，虽然 $f(x)$ 在某个区间上存在甚至是连续的，但一般只给出区间上一系列离散点处的函数值 $y_i = f(x_i)(i = 0, 1, \cdots, n)$；有的函数虽有解析表达式，但计算复杂，使用不便，所以我们通常选择构造一个简单函数表来表达。而有时为了研究函数的变化规律，往往需要求出不在表上的函数值，这样我们自然希望找到一种既能近似描述函数 $f(x)$ 的变化规律，又便于处理的简单函数 $P(x)$，用 $P(x)$ 作为 $f(x)$ 的近似。

设函数 $y = f(x)$ 在区间 $[a, b]$ 上有定义，且在互异点 $a \leqslant x_0 < x_1 < \cdots < x_n \leqslant b$ 上的值为 $y_0, y_1, \cdots, y_n$，若存在一简单函数 $P(x)$，使

$$P(x_i) = y_i \qquad (i = 0, 1, \cdots, n) \quad (2.1.1)$$

成立，则称 $P(x)$ 为 $f(x)$ 的插值函数，点 x_0，$x_1, \cdots, x_n$ 称为插值节点，包含插值节点的区间 $[a, b]$ 称为插值区间，求插值函数 $P(x)$ 的方法称为插值法。

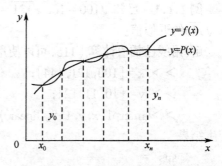

几何上，插值法就是求曲线 $y = P(x)$，使其通过给定的 $n + 1$ 个点 $(x_i, y_i)(i = 0, 1, \cdots, n)$，并用它近似已知曲线 $y = f(x)$，见图 2.1.1。

这里只讨论拉格朗日插值和三次样条插值。

图 2.1.1　插值法的几何表示

（一）拉格朗日（Lagrange）插值多项式

设函数 $y = f(x)$ 在区间 $[a, b]$ 上有定义，且已知在点 $a \leqslant x_0 < x_1 < \cdots < x_n \leqslant b$ 上的函数值为 $y_0, y_1, \cdots, y_n$，求一个次数不高于 n 的插值多项式

$$L_n(x) = a_0 + a_1 x + \cdots + a_n x^n \qquad (2.1.2)$$

使

$$L_n(x_i) = y_i \qquad (i = 0, 1, 2, \cdots, n) \tag{2.1.3}$$

成立, 称式(2.1.2)为满足插值条件(2.1.3)的拉格朗日插值。为求 $L_n(x)$ 的表达式, 先定义 n 次插值基函数。

定义 2.1.1 若 n 次多项式 $l_j(x)(j=0,1,\cdots,n)$ 在 $n+1$ 个节点 $x_0 < x_1 < \cdots < x_n$ 上满足条件

$$l_j(x_k) = \begin{cases} 1 & k = j \\ 0 & k \neq j \end{cases} \qquad (j, k = 0, 1, \cdots, n) \tag{2.1.4}$$

称这 $n+1$ 个 n 次多项式 $l_0(x), l_1(x), \cdots, l_n(x)$ 为节点 $x_0, x_1, \cdots, x_n$ 上的 n 次插值基函数。

由 n 次插值基函数的定义可知

$$l_k(x) = \frac{(x - x_0)\cdots(x - x_{k-1})(x - x_{k+1})\cdots(x - x_n)}{(x_k - x_0)\cdots(x_k - x_{k-1})(x_k - x_{k+1})\cdots(x_k - x_n)} \qquad (k = 0, 1, \cdots, n)$$
$$\tag{2.1.5}$$

满足式(2.1.4), 于是, 满足条件(2.1.3)的插值多项式 $L_n(x)$ 可表示为

$$L_n(x) = \sum_{k=0}^{n} y_k l_k(x) \tag{2.1.6}$$

形如式(2.1.6)的插值多项式 $L_n(x)$ 称为拉格朗日插值多项式。特别地, $n=1$ 时的拉格朗日插值又称为线性插值。

在 Matlab 中, 一维插值可以用 Interp1 来实现, 其调用格式为

$$y_i = \text{Interp1}(x, y, x_i, \prime \text{method} \prime)$$

即返回在插值向量 x_i 处的函数向量 y_i, 它是根据向量 x 与 y 插值而来, $\prime$method$\prime$ 表示用指定的方法进行插值。$\prime$method$\prime$ 可以取以下值:

    linear   线性插值

    spline   三次样条插值

例 2.1.1 已知 $\sqrt{100}=10$, $\sqrt{121}=11$, $\sqrt{144}=12$, 分别用线性插值和拉格朗日插值求 $\sqrt{115}$ 的近似值。

解:用线性插值计算 $\sqrt{115}$, 可以使用下列命令:

    $>>$ x$=[100, 121, 144]$;

    $>>$ y$=[10, 11, 12]$;

    $>>$ interp1(x, y, 115, $\prime$linear$\prime$)

产生结果

    ans $=$

        10.7143

Matlab 没有专门针对 Lagrange 插值的插值函数, 为此我们可以编写 Lagrange 插值的 M 文件 Lagrange.m:

```
function s = Lagrange(x, y, x0)    % Lagrange 插值, x 与 y 为已知的插值节点及其
                                    % 函数值, x0 为需要求的插值点的 x 值
nx = length(x);
m = length(x0);
```

```
    for i=1:m
        t=0.0;
        for j=1:nx
            u=1.0;
            for k=1:nx
                if k~=j
                    u=u*(x0(i)-x(k))/(x(j)-x(k));
                end
            end
            t=t+u*y(j);
        end
        s(m)=t;
    end
    return
```

要利用 Lagrange 插值计算例 2.1.1 所要求的值,只需输入:

$\gg$ x=[100,121,144];

$\gg$ y=[10,11,12];

$\gg$ Lagrange(x,y,115)

ans =

    10.7228

将所得结果与 $\sqrt{115}$ 的精确值 10.7238… 相比较,可以看出拉格朗日插值的精确度较好。

一般地,适当提高插值多项式的次数,有可能提高计算结果的准确程度,如例 2.1.1。但绝不可以得出结论,认为插值多项式的次数越高越好,因为对一个给定函数,在大范围内使用高次的插值会使插值多项式光滑性变坏,同时出现很大的振荡,收敛性不能保证,逼近效果不理想。因此,拉格朗日插值法主要用于理论分析,实际意义不大。

(二) 三次样条 (spline) 插值

实际计算中,为了避免出现振荡,并保证插值的光滑性 (如飞机的机翼形线),常常使用三次样条插值方法。样条的概念来源于早期的工程制图,把富有弹性的细长木条 (即样条) 用压铁固定在样点上,在其他地方让它自由弯曲,调整样条使其具有满意的形状,然后沿样条画出曲线,这种曲线称作样条曲线。下面我们介绍应用最广的三次样条函数曲线。

定义 2.1.2 对于给定的函数 $f(x)$ 在 $[a,b]$ 上有定义,且在给定互异节点 $a=x_0<x_1<\cdots<x_n=b$ 上的值为 $y_0,y_1,\cdots,y_n$,若函数 $S(x)$ 满足:

(1) $S(x)$ 在每个子区间 $[x_k,x_{k+1}](k=0,1,2,\cdots,n-1)$ 上是三次多项式。

(2) $S(x),S'(x),S''(x)$ 在 $[a,b]$ 上连续。

(3) $S(x_i)=y_i(i=0,1,2,\cdots,n)$。   (2.1.7)

则称 $S(x)$ 为函数 $f(x)$ 关于节点 $x_0, x_1, \cdots, x_n$ 的三次样条插值函数。

由于 $S(x)$ 在每个小区间上为三次多项式,故共有 $4n$ 个待定系数。根据 $S(x)$ 在 $[a, b]$ 上二阶导数连续,在节点 $x_i(i=1,2,\cdots,n-1)$ 处应满足连续性条件。

$$\begin{cases} S(x_i - 0) = S(x_i + 0) \\ S'(x_i - 0) = S'(x_i + 0) \qquad (i = 1, 2, \cdots, n-1) \\ S''(x_i - 0) = S''(x_i + 0) \end{cases} \qquad (2.1.8)$$

共有 $3n-3$ 个条件,加上插值条件 $S(x_i) = y_i(i=0, 1, \cdots, n)$ 共有 $4n-2$ 个条件,因此,还需两个条件才能确定 $S(x)$,通常可在区间 $[a, b]$ 的端点上各加一个条件,称为边界条件。根据实际问题的要求,边界条件常见的有以下三种:

(1) 已知两端的一阶导数值,即

$$S'(x_0) = y_0', \qquad S'(x_n) = y_n'$$

(2) 已知两端的二阶导数值,即

$$S''(x_0) = y_0'', \qquad S''(x_n) = y_n''$$

特别地 $S''(x_0) = S''(x_n) = 0$ 称为自然边界条件,相应的样条插值函数称为自然样条插值函数。

(3) 当 $f(x)$ 是以 $x_n - x_0$ 为周期的周期函数时,则要求 $S(x)$ 及其导数也都是以 $x_n - x_0$ 为周期的函数,这时边界条件为

$$S(x_0 + 0) = S(x_n - 0), \quad S'(x_0 + 0) = S'(x_n - 0), \quad S''(x_0 + 0) = S''(x_n - 0)$$

由 $f(x)$ 的周期性知 $y_0 = y_n$,这样确定的样条函数 $S(x)$ 称为周期样条函数。

通过求解上述 $4n$ 个方程,即可得到相应的三次样条插值函数。

三次样条插值的 Matlab 实现:

除了使用 Interp1 函数选择'spline'参数外,还可以直接使用'spline'函数,其调用格式为:$y_i = \text{spline}(x, y, x_i)$;其意义是利用三次样条插值法寻找在插值点 x_i 处的插值函数值 y_i;完全等同于 Interp1$(x, y, x_i, '\text{spline}')$。

例 2.1.2 表 2.1.1 给出的 x, y 数据位于机翼断面的下轮廓线上,假设需要得到 x 坐标每改变 0.1 时的 y 坐标,试完成加工所需的数据,并画出曲线。

表 2.1.1 机翼断面的下轮廓线数据点

x	0	3	5	7	9	11	12	13	14	15
y	0	1.2	1.7	2.0	2.1	2.0	1.8	1.2	1.0	1.6

我们可以采用下面的命令语句:

```
>> x0 = [0 3 5 7 9 11 12 13 14 15];
>> y0 = [0 1.2 1.7 2.0 2.1 2.0 1.8 1.2 1.0 1.6];
>> x = 0:0.1:15;
```

为了得到 y 坐标值,只需键入

```
>> interp1(x0, y0, x, 'spline')
ans =
```

略

作图 2.1.2

$$>> y1 = interp1(x0, y0, x, 'spline');$$

$$>> plot(x0, y0, 'o', x, y1)$$

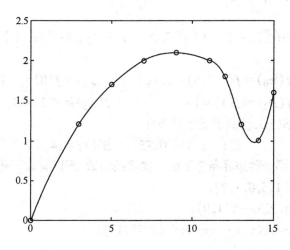

图 2.1.2　机翼断面下轮廓线三次样条插值曲线

Matlab 还提供了样条工具箱, 可利用此工具箱实现在给定约束条件下的三次样条函数, 计算在给定点处的样条函数值, 并画出样条曲线图。

利用 csape 函数生成在给定数组 x, y 下, 满足 $s(x(j)) = y(j)$ 的三次样条函数, 其调用格式为:

$$pp = csape(x, y, conds, valconds)$$

其中两端点的约束条件由参数 conds, valconds 确定, 利用 fnval 计算在给定点处的样条函数值, 利用 fnplt 绘制样条曲线图。

下面分别介绍在三种边界条件下样条函数的确定方法:

(1) 对第一种边界条件, 需输入命令

$$pp = csape(x, y, 'complete', [y_0', y_n'])$$

$$pp.coefs$$

即返回满足该约束条件的多项式的系数。如再输入

$$y = fnval(pp, x_0 : h : x_n)$$

则返回 x 坐标每改变 h 时的 y 坐标, x_0, x_n 为插值区间的端点。若要绘出三次样条曲线图, 只需输入

$$fnplt(pp)$$

(2) 对第二种边界条件, 需输入命令

$$pp = csape(x, y, 'second', [y_0'', y_n''])$$

$$pp.coefs$$

$$y = fnval(pp, x_0 : h : x_n)$$

$$fnplt(pp)$$

(3) 对第三种边界条件, 需输入命令

> pp = csape(x, y, 'periodic')
>
> pp. coefs
>
> y = fnval(pp, x_0 : h : x_n)
>
> fnplt(pp)

例2.1.3 已知函数 $y = f(x)$ 为定义在 $[-1.5, 2]$ 上的函数, 在节点 $x_i (i = 0, 1, 2, 3)$ 上的值如下:

$$f(x_0) = f(-1.5) = 0.125 \qquad f(x_1) = f(0) = -1$$
$$f(x_2) = f(1) = 1 \qquad f(x_3) = f(2) = 9$$

试求三次样条函数 $S(x)$, 使其满足边界条件

$$S'(-1.5) = 0.75 \qquad S'(2) = 14$$

解:本题要求在第一种边界条件下的三次样条函数, 所以有如下命令:

> \>\> x = [-1.5, 0, 1, 2];
> \>\> y = [0.125, -1, 1, 9];
> \>\> pp = csape(x, y, 'complete', [0.75, 14])

返回

> pp =
>
> form: 'pp'
>
> breaks: [-1.5000 0 1 2]
>
> coefs: [3x4 double]
>
> pieces: 3
>
> order: 4
>
> dim: 1

再输入

> \>\> pp. coefs

返回多项式系数

ans =			
1.0000	-2.5000	0.7500	0.1250
0	2.0000	0	-1.0000
2.0000	2.0000	4.0000	1.0000

即所求样条函数为

$$S(x) = \begin{cases} x^3 - 2.5x^2 + 0.75x + 0.125 & x \in [-1.5, 0] \\ 2x^2 - 1 & x \in [0, 1] \\ 2x^3 + 2x^2 + 4x + 1 & x \in [1, 2] \end{cases}$$

继续输入

> \>\>fnplt(pp)

得到图 2.1.3。

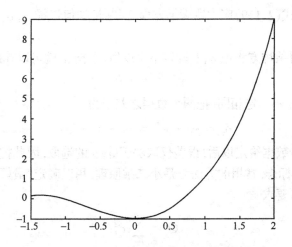

图 2.1.3 例 2.1.3 的三次样条插值函数曲线

二、拟合法

前面讲的插值方法要求所求得的函数 $y = \varphi(x)$ 在插值节点 x_i 上满足条件 $y_i = \varphi(x_i)$，即要求所求曲线通过所有的点 (x_i, y_i)，但一般实验中给出的数据总是有观测误差的，因此曲线通过所有的已知点会使曲线保留全部观测误差的影响，这是我们所不希望见到的结果。数据拟合法则不要求曲线通过所有的点 (x_i, y_i)，而是根据这些数据之间的相互关系，找出总体规律性，并构造一条能较好反映这种规律的曲线 $P(x)$，使 $P(x)$ 尽量靠近给定的数据点，这样画出一条近似曲线，以反映给定数据的一般趋势。

(一)单变量的数据拟合与最小二乘原理

首先请看例 2.1.4。

例 2.1.4 已知一组实验数据见表 2.1.2,求它的拟合曲线。

表 2.1.2　例 2.1.4 的拟合数据表

	0	1	2	3	4	5	6
x	1	2	2.5	3	3.5	4	4.5
y	0.9	1.3	2.5	2.7	2.6	3.5	4.2

为了得到拟合曲线，首先把所给数据点绘制到坐标系中，作成图 2.1.4，每个数据点以一个 + 号表示，这种图称作散点图。从散点图可直观地看出两个变量间的大致关系。

从图 2.1.4 可以看出这些点大致呈直线关系，因此很自然地想到用直线方程来拟合所给数据，设直线方程为

$$y = a + bx \qquad (2.1.9)$$

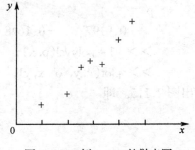

图 2.1.4　例 2.1.4 的散点图

给定的数据点代入式(2.1.9)应大致满足方程,问题是如何选择 a, b,使得到的方程与实际情况比较相符。

我们知道,当用某种方法把 a, b 确定下来以后,根据 x 就可以算出 y 值,记为

$$y_i^* = a + bx_i$$

这样得到的 y_i^* 与 y_i 不一定相同,把两个数据之差记为

$$\delta_i = y_i - y_i^* = y_i - a - bx_i \tag{2.1.10}$$

称之为误差,在原始数据给定以后,误差仅取决于 a, b 的选取,因此把误差的大小作为衡量 a, b 好坏的主要标志,常用的方法是最小二乘原理,用以确定"最好"的参数,使误差的平方和达到最小,即要求

$$Q = \sum_{i=1}^{n} \delta_i^2 \tag{2.1.11}$$

为最小。把式(2.1.10)代入式(2.1.11)有

$$\sum_{i=1}^{n} \delta_i^2 = \sum_{i=1}^{n} (y_i - a - bx_i)^2 = Q(a, b)$$

下面的问题是如何选取 a, b 使 $Q(a, b)$ 达到最小,可以用高等数学中求极值的方法,求出 $Q(a, b)$ 对 a, b 的偏导数再使其等于零。即

$$\begin{cases} \dfrac{\partial Q}{\partial a} = -2 \sum_{i=1}^{n} (y_i - a - bx_i) = 0 \\ \dfrac{\partial Q}{\partial b} = -2 \sum_{i=1}^{n} (y_i - a - bx_i) x_i = 0 \end{cases} \tag{2.1.12}$$

解方程组(2.1.12)可得到 a 和 b,直线方程 $y^* = a + bx$ 便可以确定。上述方法称为数据拟合法。

在 Matlab 中,可以运用函数 polyfit 来直接进行最小二乘多项式拟合。调用格式如下:

$$P = \text{polyfit}(x, y, n)$$

其中 P 为返回的多项式系数向量,长度为 $n + 1$,x, y 为给出的数据向量,n 为要拟合的多项式的阶数。

按此命令解上例 2.1.4:

```
>> x=[1 2 2.5 3 3.5 4 4.5];
>> y=[0.9 1.3 2.5 2.7 2.6 3.5 4.2];
>> p=polyfit(x, y, 1)
p =
      0.9197    -0.1648
>> y1=polyval(p, x);
>> plot(x, y, 'o', x, y1, '-')
```

作出图 2.1.5。即

$$y^* = -0.1648 + 0.9197x$$

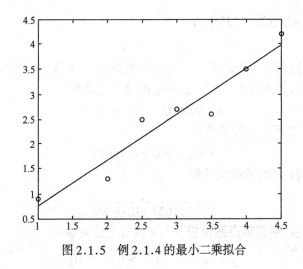

图 2.1.5　例 2.1.4 的最小二乘拟合

(二)非线性曲线的数据拟合

很多实际问题中的变量关系并不像前面说的那样呈线性关系,不能直接用线性关系来拟合,对于一些特殊的情况,可以通过变量代换的方法,将非线性问题转化为线性问题来处理。我们仍然以实例来说明。

例 2.1.5 在某化学反应里,测得生成物浓度 y% 与时间 t(分)的数据见表 2.1.3,试建立 t 与 y 间的函数关系。

表 2.1.3　生成物浓度与时间数据表

t	1	2	3	4	5	6	7	8
y	4.00	6.40	8.00	8.80	9.22	9.50	9.70	9.86
t	9	10	11	12	13	14	15	16
y	10.00	10.20	10.32	10.42	10.50	10.55	10.58	10.60

解:将所给数据点描绘到坐标系中,画出散点图 2.1.6。

可以看到 y 与 x 之间不是线性关系而是曲线关系,由点的分布可认为 y 与 x 是双曲线关系。设为

$$y = \frac{t}{at + b} \qquad (2.1.13)$$

此时若直接以最小二乘法去确定参数 a、b,会导致计算极其繁复,这里我们通过变量替换将其转化为关于待定参数的线性函数,为此将式(2.1.13)改写为

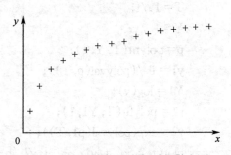

图 2.1.6　生成物浓度与时间散点图

$$\frac{1}{y} = a + \frac{b}{t}$$

令 $y' = \dfrac{1}{y}, t' = \dfrac{1}{t}$，则式(2.1.13)化为

$$y' = a + bt'$$

由题中所给数据可算出新的关于 t' 与 y' 的数据表(从略)，这样就可以根据新的数据表利用线性拟合的方法求出形如 $y' = a + bt'$ 的最小二乘解

$$a = 0.0802, \quad b = 0.1627$$

于是得到了 y' 与 t' 之间的函数关系为

$$y' = 0.0802 + 0.1627t'$$

回代 y'、t' 得到 y 与 t 之间的曲线关系

$$y = \frac{t}{0.1627 + 0.0802t}$$

例 2.1.5 中，也可根据散点图设想 y 与 t 具有指数关系

$$y = ae^{\frac{b}{t}} \qquad (a > 0, b < 0) \tag{2.1.14}$$

对式(2.1.14)两边取对数有

$$\ln y = \ln a + \frac{b}{t}$$

令 $y' = \ln y, t' = \dfrac{1}{t}, a' = \ln a$，得到

$$y' = a' + bt'$$

根据所给数据算得新的数据表，由新的数据表求形如 $y' = a' + bt'$ 的最小二乘解

$$a' = -4.4807, \quad b = -1.0567$$

回代得出 y 与 t 之间的函数关系为

$$y = 0.011325e^{-\frac{1.0567}{t}}$$

把上述得到的两个不同的函数关系进行比较，从误差角度看，后者优于前者，在解决实际问题中，往往要经过反复分析，多次选择计算与比较，才能获得较好的数学模型。

对于例 2.1.5 的非线性拟合，可编写如下的 M 文件 nihe.m：

```
t = 1:16;
y = [4 6.4 8 8.8 9.22 9.5 9.7 9.86 10 10.2 10.32 10.42 10.5 10.55 10.58
10.6];
T = 1./t;
Y = 1./y;
p = polyfit(T, Y, 1);
y1 = 1./(polyval(p, T));
Y1 = log(y);
p1 = polyfit(T, Y1, 1);
y2 = exp(polyval(p1, T));
plot(t, y, 'o', t, y1, '-', t, y2, 'b--')
legend('离散数据点', '反函数', '指数函数')
```

运行该文件，即在命令窗口输入

```
nihe
```

即可得到图形 2.1.7, 从图形中立刻可见两种拟合的优劣。

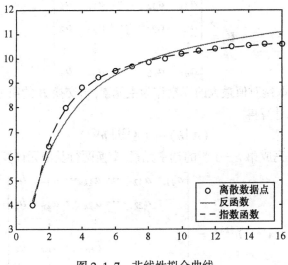

图 2.1.7　非线性拟合曲线

第二节　线性方程组求解

自然科学与工程技术中的很多问题常常归结为求解线性代数方程组, 这些方程组的系数矩阵大致分为两种: 一种是低阶稠密矩阵(阶数一般不超过 150), 另一种是大型稀疏矩阵(即矩阵阶数高且零元素较多)。由此, 求解线性方程组数值解的方法一般归纳为两类: 直接法和迭代法。

一、直接法

直接法是求解低阶稠密矩阵方程组及某些大型稀疏矩阵方程组(如大型带状方程组)的有效方法。

（一）高斯（Gauss）列主元素消去法

设线性方程组

$$\boldsymbol{A}\boldsymbol{x} = \boldsymbol{b} \tag{2.2.1}$$

其中

$$\boldsymbol{A} = \begin{pmatrix} a_{11} & a_{12} & \cdots & a_{1n} \\ a_{21} & a_{22} & \cdots & a_{2n} \\ \vdots & \vdots & & \vdots \\ a_{n1} & a_{n2} & \cdots & a_{nn} \end{pmatrix}$$

为 n 阶非奇异矩阵;

$$\boldsymbol{x} = (x_1, x_2, \cdots, x_n)^{\mathrm{T}}$$
$$\boldsymbol{b} = (b_1, b_2, \cdots, b_n)^{\mathrm{T}}$$

方程组的增广矩阵为

$$
\boldsymbol{B} = \begin{bmatrix} a_{11} & a_{12} & \cdots & a_{1n} & b_1 \\ a_{21} & a_{22} & \cdots & a_{2n} & b_2 \\ \vdots & \vdots & & \vdots & \vdots \\ a_{n1} & a_{n2} & \cdots & a_{nn} & b_n \end{bmatrix}
$$

在 $\boldsymbol{A}$ 的第一列中选取绝对值最大的元素作为主元素,再交换 $\boldsymbol{B}$ 的第 1 行与该主元素所在的行,经第一次消元计算得

$$(\boldsymbol{A} \,|\, \boldsymbol{b}) \rightarrow (\boldsymbol{A}^{(2)} \,|\, \boldsymbol{b}^{(2)})$$

重复上述过程,设已完成第 $k-1$ 步的选主元素,交换两行及消元计算,$(\boldsymbol{A}\,|\,\boldsymbol{b})$ 约化为

$$
(\boldsymbol{A}^{(k)} \,|\, \boldsymbol{b}^{(k)}) = \begin{bmatrix} a_{11} & a_{12} & \cdots & a_{1k} & \cdots & a_{1n} & b_1 \\ & a_{22} & \cdots & a_{2k} & \cdots & a_{2n} & b_2 \\ & & \ddots & \vdots & & \vdots & \vdots \\ & & & a_{kk} & \cdots & a_{kn} & b_k \\ & & & \vdots & & \vdots & \vdots \\ & & & a_{nk} & \cdots & a_{nn} & b_n \end{bmatrix}
$$

第 k 步选主元素在 $\boldsymbol{A}^{(k)}$ 右下角方阵的第一列内选,再进行换行、消元,直至将系数矩阵 $\boldsymbol{A}$ 化为上三角矩阵,最后回代求解。

例 2.2.1 用 Gauss 列主元消去法求解方程组

$$
\begin{cases}
2x_2 + x_4 = 0 \\
2x_1 + 2x_2 + 3x_3 + 2x_4 = -2 \\
4x_1 - 3x_2 + x_4 = -7 \\
6x_1 + x_2 - 6x_3 - 5x_4 = 6
\end{cases}
$$

解:方程组的增广矩阵为

$$
\begin{bmatrix}
0 & 2 & 0 & 1 & 0 \\
2 & 2 & 3 & 2 & -2 \\
4 & -3 & 0 & 1 & -7 \\
6 & 1 & -6 & -5 & 6
\end{bmatrix}
$$

第一列的主元为 $a_{41} = 6$,交换第一行与第四行,得

$$
\begin{bmatrix}
6 & 1 & -6 & -5 & 6 \\
2 & 2 & 3 & 2 & -2 \\
4 & -3 & 0 & 1 & -7 \\
0 & 2 & 0 & 1 & 0
\end{bmatrix}
\sim
\begin{bmatrix}
6 & 1 & -6 & -5 & 6 \\
0 & 1.667 & 5 & 3.6667 & -4 \\
0 & -3.6667 & 4 & 4.3333 & -11 \\
0 & 2 & 0 & -1 & 0
\end{bmatrix}
$$

第二次选主元 a_{32},交换第二行与第三行,得

$$
\begin{bmatrix}
6 & 1 & -6 & -5 & 6 \\
0 & -3.6667 & 4 & 4.3333 & -11 \\
0 & 1.6667 & 5 & 3.6667 & -4 \\
0 & 2 & 0 & -1 & 0
\end{bmatrix}
\sim
\begin{bmatrix}
6 & 1 & -6 & -5 & 6 \\
0 & -3.6667 & 4 & 4.3333 & -11 \\
0 & 0 & 6.8182 & 5.6364 & 9.0001 \\
0 & 0 & 2.1818 & 3.3636 & -5.9999
\end{bmatrix}
$$

第三次选主元即为 a_{33},因此消元得

$$\begin{bmatrix} 6 & 1 & -6 & -5 & 6 \\ 0 & -3.6667 & 4 & 4.3333 & -11 \\ 0 & 0 & 6.8182 & 5.6364 & 9.0001 \\ 0 & 0 & 0 & 1.5600 & -3.1199 \end{bmatrix}$$

回代得

$$x_4 = -1.9999$$
$$x_3 = 0.33325$$
$$x_2 = 1.0000$$
$$x_1 = -0.50000$$

精确解为 $x_1^* = -\dfrac{1}{2}, x_2^* = 1, x_3^* = \dfrac{1}{3}, x_4^* = -2$。

(二)直接三角分解法

从矩阵理论来讲,只要 A 的各顺序主子式不为零,则有 $A = LU$,即当

$$a_{11} \neq 0, \quad \begin{vmatrix} a_{11} & a_{12} \\ a_{21} & a_{22} \end{vmatrix} \neq 0, \cdots, \det(A) \neq 0$$

则 A 可分解为一个单位下三角矩阵 L 和一个上三角矩阵 U,且该分解唯一。

设 A 为非奇异矩阵,且有分解式 $A = LU$,则式(2.2.1)即为

$$Ax = LUx = b \tag{2.2.2}$$

其中

$$L = \begin{bmatrix} 1 & & & \\ l_{21} & 1 & & \\ \vdots & \vdots & \ddots & \\ l_{n1} & l_{n2} & & 1 \end{bmatrix}$$

$$U = \begin{bmatrix} u_{11} & u_{12} & \cdots & u_{1n} \\ & u_{22} & & u_{2n} \\ & & \ddots & \vdots \\ & & & u_{nn} \end{bmatrix}$$

令

$$Ux = y$$

则由式(2.2.2)得

$$Ly = b$$

于是求解 $Ax = b$ 的问题等价于求解两个方程 $Ux = y$ 和 $Ly = b$,具体计算公式为:

(1) 计算 U 的第 1 行, L 的第 1 列元素

$$u_{1i} = a_{1i}(i = 1, 2, \cdots, n), \qquad l_{i1} = a_{i1}/u_{11}(i = 2, 3, \cdots, n)$$

(2) 计算 U 的第 r 行, L 的第 r 列元素($r = 2, 3, \cdots, n$)

$$u_{ri} = a_{ri} - \sum_{k=1}^{r-1} l_{rk} u_{ki} \qquad (i = r, r+1, \cdots, n)$$

$$l_{ir} = \left(a_{ir} - \sum_{k=1}^{r-1} l_{ik}u_{kr}\right)\Big/u_{rr} \qquad (i = r+1, \cdots, n; \text{且 } r \neq n)$$

(3) 求解 $\boldsymbol{Ly = b}, \boldsymbol{Ux = y}$

$$\begin{cases} y_1 = b_1 \\ y_i = b_i - \sum_{k=1}^{i-1} l_{ik}y_k \quad (i = 2, 3, \cdots, n) \end{cases}$$

$$\begin{cases} x_n = y_n/u_{nn} \\ x_i = \left(y_i - \sum_{k=i+1}^{n} u_{ik}x_k\right)\Big/u_{ii} \quad (i = n-1, n-2, \cdots, 1) \end{cases}$$

例 2.2.2 用直接三角分解法解

$$\begin{bmatrix} 1 & 2 & 3 \\ 2 & 5 & 2 \\ 3 & 1 & 5 \end{bmatrix} \begin{bmatrix} x_1 \\ x_2 \\ x_3 \end{bmatrix} = \begin{bmatrix} 14 \\ 18 \\ 20 \end{bmatrix}$$

解：用(1)、(2)公式中的算得

$$\boldsymbol{A} = \begin{bmatrix} 1 & 0 & 0 \\ 2 & 1 & 0 \\ 3 & -5 & 1 \end{bmatrix} \begin{bmatrix} 1 & 2 & 3 \\ 0 & 1 & -4 \\ 0 & 0 & -24 \end{bmatrix} = \boldsymbol{LU}$$

求解

$$\boldsymbol{Ly = b}, \quad \boldsymbol{Ux = y}$$

由(3)公式,得

$$\boldsymbol{y} = (14, -10, -72)^{\mathrm{T}}$$

$$\boldsymbol{x} = (1, 2, 3)^{\mathrm{T}}$$

为使三角分解能顺利进行下去,或为避免较大的舍入误差,可将直接三角分解法与选主元法结合起来,这种方法称作选主元的三角分解法(读者可参考有关书籍)。

线性方程组的直接解法还有许多种,而在 Matlab 中,线性方程组的直接解法只需用符号" \ "就可以解决。

我们以前面的例题来说明,这里直接给出命令语句和结果,读者自行比较两种结果。

例 2.2.1′ >> a=[0 2 0 1;2 2 3 2;4 −3 0 1;6 1 −6 −5];

>> b=[0 −2 −7 6]′;

>> a \ b

ans =

    −0.500   1.0000   0.3333   −2.0000

例 2.2.2′ >> a=[1 2 3;2 5 2;3 1 5];

>> b=[14 18 20]′;

>> a \ b

ans =

    1.0000   2.0000   3.0000

二、迭代法

前面已经提到,对低阶稠密矩阵 A,求解线性方程组 $Ax = b$,采用直接法是解此类方程组的有效方法,而对于由工程技术中产生的大型稀疏矩阵方程组(A 的阶数很大,零元素较多),利用迭代法则是合适的。

(一)雅可比(Jacobi)迭代法

首先举一具体例子来说明雅可比迭代法的基本思想。

例 2.2.3 求解方程组

$$\begin{cases} 10x_1 - x_2 - 2x_3 = 7.2 \\ -x_1 + 10x_2 - 2x_3 = 8.3 \\ -x_1 - x_2 + 5x_3 = 4.2 \end{cases}$$

解:先从上述方程组的三个方程中分离出变量 x_1, x_2, x_3,将方程组改写成便于迭代且等价的形式

$$\begin{cases} x_1 = 0.1x_2 + 0.2x_3 + 0.72 \\ x_2 = 0.1x_1 + 0.2x_3 + 0.83 \\ x_3 = 0.2x_1 + 0.2x_2 + 0.84 \end{cases}$$

据此建立迭代公式

$$\begin{cases} x_1^{(k+1)} = 0.1x_2^{(k)} + 0.2x_3^{(k)} + 0.72 \\ x_2^{(k+1)} = 0.1x_1^{(k)} + 0.2x_2^{(k)} + 0.83 \qquad (k = 0, 1, 2, \cdots) \\ x_3^{(k+1)} = 0.2x_1^{(k)} + 0.2x_2^{(k)} + 0.84 \end{cases}$$

取迭代初值 $x_1^{(0)} = x_2^{(0)} = x_3^{(0)} = 0$,迭代结果列于表 2.2.1 中,而原方程组的精确解为 $x_1^* = 1.1, x_2^* = 1.2, x_3^* = 1.3$ 从表 2.2.1 看到,当迭代次数增加时,迭代结果越来越接近精确解,这种迭代过程是收敛的,其迭代序列 $(x_1^{(k)}, x_2^{(k)}, x_3^{(k)})$ 以 (x_1^*, x_2^*, x_3^*) 为极限,这种迭代方法称作雅可比迭代法。

表 2.2.1 Jacobi 迭代结果

k	$x_1^{(k)}$	$x_2^{(k)}$	$x_3^{(k)}$
0	0.00000	0.00000	0.00000
1	0.72000	0.83000	0.84000
2	0.97100	1.07000	1.15000
3	1.05700	1.15710	1.24820
4	1.08535	1.18534	1.28282
5	1.09510	1.19510	1.29414
6	1.09834	1.19834	1.29504
7	1.09944	1.19981	1.29934
8	1.09981	1.19941	1.29978
9	1.09994	1.19991	1.29992

从例 2.2.3 可以看到,雅可比迭代法的基本思想是将方程组的求解问题,转化为重复计算一组彼此独立的线性表达式。

下面就一般情形下的方程组建立雅可比迭代公式。

设有方程组

$$\sum_{j=1}^{n} a_{ij}x_j = b_i, \quad a_{ii} \neq 0 (i = 1, 2, \cdots, n) \tag{2.2.3}$$

从式(2.2.3)中的第 i 个方程分离出变量 $x_i (i = 1, 2, \cdots, n)$ 将其改写成

$$x_i = \frac{1}{a_{ii}} \left(b_i - \sum_{\substack{j=1 \\ j \neq i}}^{n} a_{ij}x_j \right) \quad (i = 1, 2, \cdots, n)$$

据此建立雅可比迭代公式

$$x_i^{(k+1)} = \frac{1}{a_{ii}} \left(b_i - \sum_{\substack{j=1 \\ j \neq i}}^{n} a_{ij}x_j^{(k)} \right) \quad (i = 1, 2, \cdots, n; k = 0, 1, 2, \cdots) \tag{2.2.4}$$

与之对应的 Jacobi 迭代公式有矩阵表达式

$$x^{(k+1)} = \boldsymbol{B}_0 x^k + \boldsymbol{f} \quad (k = 0, 1, 2, \cdots)$$

其中 $\boldsymbol{B}_0 = -\boldsymbol{D}^{-1}(\boldsymbol{L} + \boldsymbol{U})$ 为 Jacobi 迭代矩阵,$\boldsymbol{f} = \boldsymbol{D}^{-1}\boldsymbol{b}$,$\boldsymbol{D}$ 为对角矩阵,$\boldsymbol{L}$ 与 $\boldsymbol{U}$ 分别为严格下三角矩阵和严格上三角矩阵。据此,可以编写实现 Jacobi 迭代法的 M 文件 jacobi.m:

```
function s = jacobi(a, b, x0, eps)
%jacobi 迭代法解线性方程组
%a 为系数矩阵,b 为方程组 ax = b 中的右边的列向量 b, x0 为迭代初值
if nargin == 3
  eps = 1.0e - 6;
elseif nargin < 3
  error
  return
  end
D = diag(diag(a));          %求出对角矩阵
D = inv(D);                 %求出对角矩阵的逆
L = tril(a, - 1);           %求出严格下三角矩阵
U = triu(a, 1);             %求出严格上三角矩阵
B = - D * (L + U);
f = D * b;
s = B * x0 + f;
while norm(s - x0) > = eps
  x0 = s;
  s = B * x0 + f;
end
return
```

对于上例 2.2.3,我们有

```
>> a=[10 -1 -2 ; -1 10 -2 ; -1 -1 5];
>> b=[7.2 8.3 4.2]';
>> x0=[0 0 0]';
>> jacobi(a, b, x0)
ans =
       1.1000
       1.2000
       1.3000
>> eps=0.0001;
>> jacobi(a, b, x0, eps)
ans =
       1.1000
       1.2000
       1.3000
```

(二) 高斯-塞德尔(Gauss-Seidel)迭代法

对雅可比迭代公式稍加改进, 就可得到更为实用的计算公式。我们知道, 雅可比迭代法的每一步的迭代新值

$$x^{(k+1)} = (x_1^{(k+1)}, x_2^{(k+1)}, \cdots, x_n^{(k+1)})^T$$

都是用

$$x^{(k)} = (x_1^{(k)}, x_2^{(k)}, \cdots, x_n^{(k)})^T$$

的全部分量计算出来的。一般地, 对于一个收敛的迭代过程, 新值 $x_i^{(k+1)}(i=1,2,\cdots,n;$ $k=0,1,2,\cdots)$ 将比老值 $x_i^{(k)}(i=1,2,\cdots,n;k=0,1,2,\cdots)$ 更准确些, 雅可比迭代法在计算第 i 个分量 $x_i^{(k+1)}$ 时, 已经计算出

$$x_1^{(k+1)}, x_2^{(k+1)}, \cdots, x_{i-1}^{(k+1)}$$

但这 $i-1$ 个新的迭代值并没有用在计算 $x_i^{(k+1)}$ 上, 若将这些利用起来, 则可以得到一个收敛更快的迭代公式。

对于式(2.2.4), 将公式右端前 $i-1$ 个分量的上标, 由 k 换作 $k+1$, 则得到下面高斯-塞德尔迭代公式

$$x_i^{(k+1)} = \frac{1}{a_{ii}} \Big(b_i - \sum_{j=1}^{i-1} a_{ij} x_j^{(k+1)} - \sum_{j=i+1}^{n} a_{ij} x_j^{(k)} \Big) \qquad (i=1,2,\cdots,n;k=0,1,2,\cdots)$$

$$(2.2.5)$$

与之对应的矩阵表达式为

$$x^{(k+1)} = B_0 x^k + f \qquad (k=0,1,2,\cdots)$$

其中 $B_0 = -(D+L)^{-1}U$ 为迭代矩阵, $f=(D+L)^{-1}b$, D 为对角矩阵, L 与 U 分别为严格下三角矩阵和严格上三角矩阵, 据此编写实现 Gauss-Seidel 迭代法的 M 文件 gauss.m:

```
function s=gauss(a, b, x0, eps)
```

```
%gauss-seidel 迭代法解线性方程组
%a 为系数矩阵,b 为方程组 ax=b 中的右边的列向量 b,x0 为迭代初值
if nargin==3
        eps=1.0e-6;
elseif nargin<3
        error
        return
        end
D=diag(diag(a));        %求出对角矩阵
L=tril(a,-1);        %求出严格下三角矩阵
U=triu(a,1);        %求出严格上三角矩阵
C=inv(D+L);
B=-C*U;
f=C*b;
s=B*x0+f;
while norm(s-x0)>=eps
                x0=s;
                s=B*x0+f;
end
return
```

例 2.2.4 用高斯-塞德尔迭代法求解例 2.2.3 中的方程组

解:高斯-塞德尔迭代公式为

$$\begin{cases} x_1^{(k+1)} = 0.1x_2^{(k)} + 0.2x_3^{(k)} + 0.72 \\ x_2^{(k+1)} = 0.1x_1^{(k+1)} + 0.2x_3^{(k)} + 0.83 \qquad (k = 0,1,2,\cdots) \\ x_3^{(k+1)} = 0.2x_1^{(k+1)} + 0.2x_2^{(k+1)} + 0.84 \end{cases}$$

仍取初值 $x_1^{(0)} = x_2^{(0)} = x_3^{(0)} = 0$,按上述公式可得计算结果见表 2.2.2。

表 2.2.2 Gauss-Seidel 迭代结果

k	$x_1^{(k)}$	$x_2^{(k)}$	$x_3^{(k)}$
0	0.00000	0.00000	0.00000
1	0.72000	0.90200	1.16440
2	1.04308	1.16719	1.28205
3	1.09313	1.19572	1.29778
4	1.09913	1.19947	1.29972
5	1.09989	1.19993	1.29996
6	1.09999	1.19999	1.30000

表 2.2.2 与表 2.2.1 的计算结果比较,可明显看出后者的迭代效果要好。一般来讲,高斯-塞德尔迭代法比雅可比迭代法收敛速度快,即取 $x^{(0)}$ 相同,达到同样精度所需迭代

次数要少,但此结论只当 A 满足一定条件时才是正确的。

使用例 2.2.3 的数据,运行 gauss 文件:

$$>> gauss(a, b, x0, eps)$$

ans =
  1.1000
  1.2000
  1.3000

可与表中结果比较。

(三)逐次超松弛迭代法

逐次超松弛(SOR)迭代法是高斯-塞德尔迭代法的一种推广,其计算公式简单,若选择合适的松弛因子,可使迭代具有较快的收敛速度,是一种求解大型稀疏矩阵方程组的有效方法。

设有方程组

$$Ax = b \tag{2.2.1}$$

其中 $A = (a_{ij})_n$ 为非奇异阵,$x = (x_1, x_2, \cdots, x_n)^{\mathrm{T}}$,$b = (b_1, b_2, \cdots, b_n)^{\mathrm{T}}$,设 $x^{(k)}$ 为第 k 步迭代近似值,则

$$r^{(k)} = b - Ax^{(k)} \quad (k = 0, 1, 2, \cdots)$$

为近似值 $x^{(k)}$ 的残余误差,我们引入如下形式的加速迭代公式

$$x^{(k+1)} = x^{(k)} + \omega r^{(k)} = x^{(k)} + \omega(b - Ax^{(k)}) \quad (k = 0, 1, 2, \cdots)$$

其中 ω 称作松弛因子,其分量形式为

$$x_i^{(k+1)} = x_i^{(k)} + \omega\Big(b_i - \sum_{j=1}^n a_{ij}x_j^{(k)}\Big) \quad (i = 1, 2, \cdots, n; k = 0, 1, 2, \cdots)$$

如果在计算分量 $x_i^{(k+1)}$ 时,考虑利用已经计算出来的分量 $x_1^{(k+1)}, x_2^{(k+1)}, \cdots, x_{i-1}^{(k+1)}$,又可得到一个新的迭代公式

$$x_i^{(k+1)} = x_i^{(k)} + \omega\Big(b_i - \sum_{j=1}^{i-1} a_{ij}x_j^{(k+1)} - \sum_{j=1}^n a_{ij}x_j^{(k)}\Big) \quad (i = 1, 2, \cdots, n; k = 0, 1, 2, \cdots)$$

$$\tag{2.2.6}$$

特别当 $a_{ii} \neq 0 (i = 1, 2, \cdots, n)$ 时,将迭代公式(2.2.6)应用于方程组

$$\sum_{j=1}^n \frac{a_{ij}}{a_{ii}}x_j = \frac{b_i}{a_{ii}} \quad (i = 1, 2, \cdots, n)$$

由此得到下面的松弛迭代公式

$$x_i^{(k+1)} = x_i^{(k)} + \frac{\omega}{a_{ii}}\Big(b_i - \sum_{j=1}^{i-1} a_{ij}x_j^{(k+1)} - \sum_{j=i}^n a_{ij}x_j^{(k)}\Big) \quad (i = 1, 2, \cdots, n; k = 0, 1, 2, \cdots)$$

$$\tag{2.2.7}$$

显然,当 $\omega = 1$ 时,式(2.2.7)为高斯-塞德尔迭代公式;当 $\omega > 1$ 时,称为超松弛;$\omega < 1$ 称为低松弛。可以证明,为保证迭代过程收敛,必须要求 $0 < \omega < 2$。

与式(2.2.7)对应的 SOR 迭代公式的矩阵表达形式为

$$x^{(k+1)} = B_0 x^k + f \qquad (k = 0, 1, 2, \cdots)$$

其中 $B_0 = (D - \omega L)^{-1}(1-\omega)D + \omega U$ 为迭代矩阵,$f = \omega(D-\omega L)^{-1}b$,$D$ 为对角矩阵,L 与 U 分别为严格下三角、严格上三角矩阵,据此编写实现 SOR 迭代法的 M 文件 SOR.m。

```
function s=SOR(a,b,x0,w,eps)
%SOR 迭代法解线性方程组
%a 为系数矩阵,b 为方程组 ax=b 中的右边的列向量 b,x0 为迭代初值,w 为松
弛因子
if nargin==4
    eps=1.0e-6;
elseif nargin<4
    error
    return
    end
D=diag(diag(a));            %求出对角矩阵
L=-tril(a,-1);             %求出严格下三角矩阵
U=-triu(a,1);              %求出严格上三角矩阵
C=inv(D-w*L);
B=C*[(1-w)*D+w*U];
f=w*C*b;
s=B*x0+f;
while norm(s-x0)>=eps
    x0=s;
    s=B*x0+f;
end
return
```

例2.2.5 用 SOR 方法解方程组

$$
\begin{bmatrix}
-4 & 1 & 1 & 1 \\
1 & -4 & 1 & 1 \\
1 & 1 & -4 & 1 \\
-1 & 1 & 1 & -4
\end{bmatrix}
\begin{bmatrix}
x_1 \\ x_2 \\ x_3 \\ x_4
\end{bmatrix}
=
\begin{bmatrix}
1 \\ 1 \\ 1 \\ 1
\end{bmatrix}
$$

方程组精确解为 $(-1, -1, -1, -1)^{\mathrm{T}}$。

解:取 $x^{(0)} = 0$,由公式(2.2.7)有

$$
\begin{cases}
x_1^{(k+1)} = x_1^{(k)} - \omega(1 + 4x_1^{(k)} - x_2^{(k)} - x_3^{(k)} - x_4^{(k)})/4 \\
x_2^{(k+1)} = x_2^{(k)} - \omega(1 - x_1^{(k+1)} + 4x_2^{(k)} - x_3^{(k)} - x_4^{(k)})/4 \\
x_3^{(k+1)} = x_3^{(k)} - \omega(1 - x_1^{(k+1)} - x_2^{(k+1)} + 4x_3^{(k)} - x_4^{(k)})/4 \\
x_4^{(k+1)} = x_4^{(k)} - \omega(1 - x_1^{(k+1)} - x_2^{(k+1)} - x_3^{(k+1)} + 4x_4^{(k)})/4
\end{cases}
\qquad (k = 0, 1, 2, \cdots)
$$

取 $\omega = 1.3, 11$ 次迭代后,得

$$x^{(11)} = (-0.99999646, -1.00000310, -0.99999953, -0.99999912)^\mathrm{T}$$

而若想达到此精度,当 ω 分别取 $1.0, 1.1, 1.2, 1.4, 1.5, 1.6, 1.7$ 时迭代次数分别为 22, 17, 12, 14, 17, 23, 33。由此可以看到,松弛因子选择恰当,会使 SOR 迭代法的收敛大大加速,本例中 $\omega = 1.3$ 是最佳松弛因子。

若使用命令

```
>> a=[-4 1 1 1;1 -4 1 1;1 1 -4 1;1 1 1 -4];
>> b=[1 1 1 1]';
>> x0=[0 0 0 0]';
>> w=1.3;
>> SOR(a,b,x0,w)
```

返回

$$\text{ans} =$$

$$-1.0000 \quad -1.0000 \quad -1.0000 \quad -1.0000$$

第三节　非线性方程求根

科学与工程计算中有时会遇到求解函数方程 $f(x) = 0$,这里 $f(x)$ 可能是代数多项式,也可能是超越函数,如方程中含有 $\sin x$、e^x、$\ln x$ 等,我们把超越方程与 $n\,(\geqslant 2)$ 次代数方程一起统称为非线性方程。如何来求解非线性方程的根?我们知道,对于高于 4 次的代数方程,不存在通常的求根公式来计算其准确值,而超越方程,不仅没有一般的公式,若只依据方程本身,那么方程有几个根甚至是否存在根也是难以判别的。为了解一个非线性方程,必须依靠某种数值方法来求近似解。

一、二分法

设函数 $f(x)$ 在区间 $[a,b]$ 连续,且 $f(a)f(b) < 0$,由根的存在性定理(零点定理)可知方程 $f(x) = 0$ 在 $[a,b]$ 内至少存在一个实根,$[a,b]$ 为方程 $f(x) = 0$ 的有根区间。我们假设 $f(x)$ 在 $[a,b]$ 上严格单调,则 $f(x)$ 在 $[a,b]$ 上有唯一实根 x^*。

把区间 $[a,b]$ 二等分,分点为 $x_0 - \dfrac{a+b}{2}$,计算 $f\left(\dfrac{a+b}{2}\right)$,若 $f\left(\dfrac{a+b}{2}\right) = 0$,则 $x^* = \dfrac{a+b}{2}$;否则 $f\left(\dfrac{a+b}{2}\right)$ 或者与 $f(a)$ 异号,或者与 $f(b)$ 异号,若

$$f(a) \cdot f\left(\frac{a+b}{2}\right) < 0$$

则 x^* 在 $\left[a, \dfrac{a+b}{2}\right]$ 内,取

$$a_1 = a, \qquad b_1 = \frac{a+b}{2}$$

而若

$$f\left(\frac{a+b}{2}\right) \cdot f(b) < 0$$

则 x^* 在 $\left[\dfrac{a+b}{2}, b\right]$ 内, 取

$$a_1 = \frac{a+b}{2}, \quad b_1 = b$$

不论出现哪一种情形, 新的有根区间 $[a_1, b_1]$ 的长度仅为原有根区间 $[a, b]$ 的一半。如此反复二分下去, 即得到一系列有根区间

$$[a, b] \supset [a_1, b_1] \supset [a_2, b_2] \supset \cdots \supset [a_k, b_k] \supset \cdots$$

其中每个区间长度都是前一个区间长度的一半, 因此 $[a_k, b_k]$ 的长度

$$b_k - a_k = \frac{(b-a)}{2^k}$$

当 $k \to \infty$ 时趋于零, 就是说, 如果无限二分下后, 这些区间必定缩为一点 x^*, 该点就是所求的根。

不过在实际计算中不可能完成这个无限过程, 只要获取满足预定精度的近似值即可, 并且数值计算方法的结果是允许带有一定误差的。

若给定精度为 ε, 每次二分后, 取有根区间 $[a_k, b_k]$ 的中点 $x_k = \dfrac{(a_k + b_k)}{2}$ 作为根的近似值, 则只要

$$|x^* - x_k| < \varepsilon$$

即

$$|x^* - x_k| \leqslant \frac{(b_k - a_k)}{2} = \frac{(b-a)}{2^{k+1}} < \varepsilon$$

则

$$k > \frac{\ln(b-a) - \ln\varepsilon}{\ln 2} - 1 \qquad (2.3.1)$$

例 2.3.1 用二分法求方程 $f(x) = x^3 + 10x - 20 = 0$ 的唯一实根, 要求误差不超过 $\dfrac{1}{2} \times 10^{-4}$。

解: 因为 $f(x)$ 在 $(-\infty, +\infty)$ 上连续, $f'(x) = 3x^2 + 10 > 0$, 且 $f(1) = -9 < 0$, $f(2) = 8 > 0$ (估测根的区间), 所以方程在 $(1, 2)$ 内有唯一实根 x^*。

要使误差不超过 $\dfrac{1}{2} \times 10^{-4}$, 按公式 (2.3.1) 所需二分次数

$$k > \frac{\ln(2-1) - \ln\left(\dfrac{1}{2} \times 10^{-4}\right)}{\ln 2} - 1 \approx 13.29$$

取 $k = 14$, 计算结果见表 2.3.1。

取 $x_{14} = 1.5945741$ 作为 x^* 的近似值, 误差不超过 $\dfrac{1}{2} \times 10^{-4}$。

二分法的优点是计算简单, 方法可靠; 但其局限性是不能求重根, 收敛速度较慢。实际应用中一般很少单独使用, 常用来为其他算法提供初值。

表 2.3.1　二分次数为 14 的二分法计算结果

k	a_k	b_k	x_k
0	1	2	1.5
1	1.5	2	1.75
2	1.5	1.75	1.625
3	1.5	1.625	1.5625
4	1.5625	1.625	1.59375
5	1.59375	1.625	1.609375
6	1.59375	1.6093750	1.6015625
7	1.59375	1.6015625	1.5926562
8	1.59375	1.5976562	1.5957031
9	1.59375	1.5957031	1.5947266
10	1.59375	1.5947266	1.5942383
11	1.5942383	1.5947268	1.5944824
12	1.5944824	1.5947266	1.5946045
13	1.5944824	1.5946045	1.5945435
14	1.5945436	1.5946046	1.5945741

二、牛顿迭代法

牛顿迭代法是一种线性化方法,其基本思想是将非线性方程 $f(x)=0$ 逐步线性化而形成迭代公式。

设方程 $f(x)=0$ 有近似根 x_k(假定 $f'(x_k)\neq 0$),将 $f(x)$ 在点 x_k 处作一阶泰勒展开,有 $f(x)\approx f(x_k)+f'(x_k)(x-x_k)$,于是方程 $f(x)=0$ 可近似地表示为

$$f(x_k)+f'(x_k)(x-x_k)=0$$

这是个线性方程,记其根为 x_{k+1},则 x_{k+1} 的计算公式为

$$x_{k+1}=x_k-\frac{f(x_k)}{f'(x_k)} \qquad (k=0,1,2,\cdots) \tag{2.3.2}$$

这就是著名的牛顿迭代公式,该种方法称为牛顿迭代法。

牛顿法有明显的几何解释(如图 2.3.1),方程 $y=f(x)$ 的根 x^* 可解释为曲线 $y=f(x)$ 与 x 轴交点的横坐标,设 x_k 是根 x^* 的某一近似值,过曲线 $y=f(x)$ 上横坐标为 x_k 的点 P_k 作切线,该切线与 x 轴交点的横坐标即为 x_{k+1},这是因为切线方程为

$$y=f(x_k)+f'(x_k)(x-x_k)$$

当 $y=0$ 时,解出 x 就是牛顿迭代公式 (2.3.2)的计算结果,再以 x_{k+1} 作为 x^* 的新的近似值重复进行下去。正是由于这种几何解释,牛顿法也称为切线法。

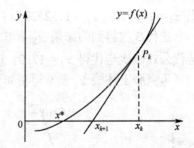

图 2.3.1　牛顿迭代法的几何解释

例 2.3.2　用牛顿法求方程 $x=e^{-x}$ 在 $x=0.5$ 附近的一个根。

解:首先将方程 $x=e^{-x}$ 写成

$$xe^x-1=0$$

即

$$f(x)=xe^x-1$$

相应的牛顿迭代公式为

$$x_{k+1} = x_k - \frac{x_k - e^{-x_k}}{1 + x_k}$$

又迭代初值 $x_0 = 0.5$, 迭代结果列于表 2.3.2 中, 经过 3 次迭代后即得到了取得 5 位有效数字的迭代值 $x_3 = 0.56714$。

表 2.3.2　牛顿迭代法 3 次迭代后结果

k	0	1	2	3
x_k	0.5	0.57102	0.56716	0.56714

例 2.3.3　求 $\sqrt{115}$。

解:该问题可转化为应用牛顿法解如下方程:

$$x^2 - 115 = 0$$

的正根,相应的牛顿迭代公式为

$$x_{k+1} = \frac{1}{2}\left(x_k + \frac{115}{x_k}\right)$$

取初值 $x_0 = 10$, 迭代 3 次就得到精度为 10^{-6} 的结果 $x_3 = 10.723805$。

三、简化牛顿法与牛顿下山法

牛顿法虽然收敛速度快,但其计算量大,而且只有当初始值 x_0 在根 x^* 附近才能保证收敛。

例 2.3.4　求解方程 $x^3 - x - 1 = 0$ 在 $x = 1.5$ 附近的根。

解:设初值 $x_0 = 1.5$, 牛顿迭代公式为

$$x_{k+1} = x_k - \frac{x_k^3 - x_k - 1}{3x_k^2 - 1}$$

则 $x_1 = 1.34783$, $x_2 = 1.32520$, $x_3 = 1.32472$。

迭代 3 次得到的结果 x_3 有 6 位有效数字,如果选取 $x_0 = 0.6$ 作为迭代初值,按牛顿迭代公式一次迭代得 $x_1 = 17.9$。这个结果比 x_0 更偏离所求的根 x^*。

为克服上述缺点,通常可用如下方法。

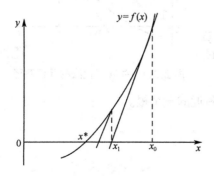

图 2.3.2　平行弦法的几何意义

(一) 简化牛顿法(或称平行弦法)

迭代公式为

$$x_{k+1} = x_k - \frac{f(x_k)}{f'(x_0)} \qquad (k = 0, 1, 2, \cdots) \tag{2.3.3}$$

其几何意义为以平行弦与 x 轴交点作为 x^* 的近似,平行弦的直线斜率为 $f'(x_0)$,如图 2.3.2 所示。这类方法计算量小,但只能保证线性收敛。

（二）牛顿下山法

为了防止迭代发散，我们可在迭代过程中附加一项$|f(x)|$函数值单调下降的条件，即

$$|f(x_k)| > |f(x_{k+1})| \tag{2.3.4}$$

这时因为对于一个收敛的迭代过程，在根x^*的附近区域内，越接近x^*的迭代值x_k，其$|f(x_k)|$越小。满足此项要求的算法称为下山法。

我们将牛顿法与下山法结合起来使用，即在下山法保证函数值稳定下降的前提下，用牛顿法加快收敛速度，为此，将牛顿法的计算结果$\bar{x}_{k+1} = x_k - \dfrac{f(x_k)}{f'(x_k)}$与前一步的近似值$x_k$适当加权平均作为新的改进值

$$x_{x+1} = \lambda \bar{x}_{k+1} + (1-\lambda)x_k \tag{2.3.5}$$

其中$\lambda(0<\lambda\leqslant 1)$称为下山因子，将$\bar{x}_{k+1}$的值代入式(2.3.5)，即得

$$x_{k+1} = x_k - \lambda \frac{f(x_k)}{f'(x_k)} \quad (k=0,1,\cdots) \tag{2.3.6}$$

为牛顿下山公式，为保证迭代过程中下山成功，即使得式(2.3.4)成立，必须选择适当的下山因子λ。

下山因子的选取是个搜索试探过程，首先从$\lambda=1$开始试探条件(2.3.4)是否成立，若不成立，则将λ反复减半进行试算，亦即在集合

$$\left\{1, \frac{1}{2}, \frac{1}{4}, \cdots, \frac{1}{2^n}, \cdots\right\}$$

中依次挑选下山因子，直至找到某个使式(2.3.4)成立的λ为止。如果在上述过程中挑选的λ已非常的小，却仍无法使式(2.3.4)成立，则需重新选择初值进行又一轮的迭代。

现在我们重新来看例2.3.4，取初值$x_0=0.6$，经几次试算后，可找到$\lambda=\dfrac{1}{32}$，由牛顿下山公式算得$x_1 = 1.140625$。此时，$|f(x_1)| < |f(x_0)|$（下山成功）。显然，$x_1 = 1.140625$比$x_0 = 0.6$更接近根$x^* = 1.32472$，因此迭代过程收敛。

非线性方程求解的 Matlab 实现。

调用格式：

    fzero(f, x$_0$, tol)

尽管在本节前面理论部分中讲述了几种求解非线性方程的方法，但在 Matlab 中，我们一般不需要按照上述计算过程编写程序来求解一个单变量非线性方程，Matlab 提供了一个很简单的函数 fzero 来实现上述过程，该函数采用迭代法计算函数$f(x)$的一个零点，其中 f 为求解的方程，x$_0$为迭代初值，它可以是一个标量或是一个长度为 2 的向量，如果是标量，则函数就在 x$_0$附近求出方程的根，如果是一个长度为 2 的向量，如$[a,b]$，假设欲求函数的解在上述区间内，若不在该区间内，则会出现错误，tol 为求解的误差限。

例2.3.1′ >> fzero('x3 + 10 * x - 20', 0.00005)

        ans =

        1.5946

例 2.3.2′ $>>$ fzero('x - exp(-x)', 0.5)

ans =

　0.5671

例 2.3.3′ $>>$ fzero('x2 - 115', 11)

ans =

　10.7238

例 2.3.4′ $>>$ fzero('x3 - x - 1', 1.5)

ans =

　1.3247

读者可对照前面结果进行比较。

第四节　常微分方程数值解

科学技术中常常需要求解常微分方程,我们在《高等数学》课程里讨论的常微分方程,其求解方法大都是一些求典型方程的解析法。然而,在实际问题中所遇到的微分方程往往比较复杂,一般很难甚至不能给出解析解表达式,因此,用解析法来求解微分方程往往是不适宜的,研究微分方程的数值解法就显得十分必要。

一、常微分方程

已知常微分方程初值问题

$$\begin{cases} \dfrac{\mathrm{d}y}{\mathrm{d}x} = f(x, y) \\ y(x_0) = y_0 \end{cases} \tag{2.4.1}$$

下面介绍几种常用的求解式(2.4.1)的方法。

(一) 简单的数值方法

1. 欧拉法

欧拉法是求初值问题数值解中最简单的一种方法,其计算公式为

$$\begin{cases} y(x_0) = y_0 \\ y_{n+1} = y_n + hf(x_n, y_n) \end{cases} \quad (n = 0, 1, 2, \cdots) \tag{2.4.2}$$

公式(2.4.2)有明显的几何意义,对于微分方程 $\dfrac{\mathrm{d}y}{\mathrm{d}x} = f(x, y)$,在 xOy 平面上确定了一个方向场,求解初值问题(2.4.1)从几何上看就是找一条通过初始点 (x_0, y_0) 的曲线 $y = y(x)$,使曲线上每一点的切线方向与已知方向场在该点的方向一致。这样,从初始点 $P_0(x_0, y_0)$ 出发,先依方向场在该点的方向推进到 $x = x_1$ 上一点 P_1,再从 P_1 依方向场方向推进到 $x = x_2$ 上一点 P_2,依次做下去得到一条折线 $\overline{P_0 P_1 P_2 \cdots}$(见图 2.4.1),设已做出该折线的顶点 P_n,过 $P_n(x_n, y_n)$ 依方向场的方

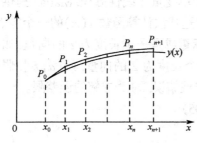

图 2.4.1　欧拉法的几何意义

向推进到 $P_{n+1}(x_{n+1}, y_{n+1})$，显然两个顶点 P_n, P_{n+1} 的坐标有如下关系：

$$\frac{y_{n+1} - y_n}{x_{n+1} - x_n} = f(x_n, y_n)$$

整理即得公式(2.4.2)。这里 $h = x_{n+1} - x_n$ 称为步长，一般为定数。这就是著名的欧拉 (Euler)公式。若初值 y_0 已知,则依公式(2.4.2)可逐步算出

$$y_1 = y_0 + hf(x_0, y_0)$$

$$y_2 = y_1 + hf(x_1, y_1)$$

$$\vdots$$

由于欧拉法是用一条折线近似的代替解 $y(x)$,因此欧拉法也称折线法。

2. 梯形法

梯形法是比欧拉法精度高的计算公式,以欧拉法提供迭代初值,梯形法的迭代公式为

$$\begin{cases} y_{n+1}^{(0)} = y_n + hf(x_n, y_n) \\ y_{n+1}^{(k+1)} = y_n + \dfrac{h}{2}\big[f(x_n, y_n) + f(x_{n+1}, y_{n+1}^{(k)})\big] \quad (k = 0, 1, 2, \cdots) \end{cases} \tag{2.4.3}$$

3. 改进的欧拉公式

梯形法虽然提高了精度,但其算法复杂,计算量很大。一般很少单独使用。下面介绍一种既简化了算法又可使计算精度提高的计算方法,称作改进的欧拉法,它实际上是 Euler 折线法与梯形法联合使用而得来的。

具体地说,是先用欧拉公式求得一个初步的近似值 $\bar{y}_{n+1}$,称为预测值,由于预测值 $\bar{y}_{n+1}$ 可能精度很差,再用梯形公式将其校正一次,即按式(2.4.3)迭代一次得 y_{n+1},这个结果称为校正值,这样建立的预测——校正系统通常称为改进的欧拉公式：

预测

$$\bar{y}_{n+1} = y_n + hf(x_n, y_n) \tag{2.4.4}$$

校正

$$y_{n+1} = y_n + \frac{h}{2}\big[f(x_n, y_n) + f(x_{n+1}, \bar{y}_{n+1})\big]$$

或表示为下列平均化形式：

$$\begin{cases} y_p = y_n + hf(x_n, y_n) \\ y_c = y_n + hf(x_{n+1}, y_p) \\ y_{n+1} = \dfrac{1}{2}(y_p + y_c) \end{cases}$$

由于改进的欧拉法是欧拉折线法与梯形法联合使用而得来的,具有运算量小,精度较高的优点,我们这里只给出改进的欧拉法的 M 文件 Euler.m：

```
function s = Euler(fun, x0, xn, y0, n)
if nargin<5
    error
    return
end
h = (xn - x0)/n;
```

```
    x(1) = x0;
    y(1) = y0;
    for i = 1:n
        yp = y(i) + h * feval(fun, x0, y0);
        x(i+1) = x(i) + h;
        yc = y(i) + h * feval(fun, x(i+1), yp);
        y(i+1) = (yp + yc)/2;
    end
    if nargout == 1
        s = [x', y'];
    else
        plot(x, y, 'o', x, y)
    end
```

例2.4.1 试用改进的欧拉法求解初值问题

$$\begin{cases} \dfrac{\mathrm{d}y}{\mathrm{d}x} = -y \\ y(0) = 1 \end{cases} \quad x \in [0,1]$$

解：首先编写函数的 M 文件 ff1.m

```
    function m = ff1(x, y)
        m = -y;
```

然后运行

```
    >> Euler('ff1', 0, 1, 1, 10)
```

即可得到图 2.4.2。

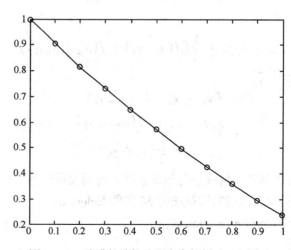

图 2.4.2 改进的欧拉法程序求解例 2.4.1 图示

若赋予输出变量

```
    >> m = Euler('ff1', 0, 1, 1, 10)
```

则有

$m =$

0	1.0000
0.1000	0.9050
0.2000	0.8148
0.3000	0.7290
0.4000	0.6476
0.5000	0.5702
0.6000	0.4967
0.7000	0.4268
0.8000	0.3605
0.9000	0.2975
1.0	0.2376

(二) 龙格-库塔(Runge-Kutta)方法

龙格-库塔方法(简称 R-K 方法)是一种可进一步提高求解精度的方法,它是通过计算不同点上的函数值,然后对这些函数值作线性组合构造近似公式,把近似公式和解的泰勒展开相比较,使前面的若干项吻合,从而使近似公式达到一定的精度的方法。

对于一个一般的显式 R-K 方法,可以写成

$$y_{n+1} = y_n + h \sum_{i=1}^{N} c_i K_i \tag{2.4.5}$$

其中

$$K_1 = f(x_n, y_n)$$

$$K_i = f\left(x_n + \lambda_i h, y_n + h \sum_{j=1}^{i-1} \mu_{ij} K_j \right) \qquad i = 2, \cdots, N$$

选择参数 c_i, λ_i, μ_{ij} 的原则是要求式(2.4.5)的右端在 (x_n, y_n) 处泰勒展开后按 h 的幂次重新整理,得到的

$$y_{n+1} = y_n + d_1 h + \frac{1}{2!} d_2 h^2 + \frac{1}{3!} d_3 h^3 + \cdots$$

与微分方程的解 $y(x)$ 在 x_n 的展开式

$$y(x_n + h) = y(x_n) + h y'(x_n) + \frac{1}{2!} h^2 y''(x_n) + \frac{1}{3!} h^3 y'''(x_n) + \cdots$$

有尽可能多的项重合,以确保公式的精度。

这里仅给出四阶 R-K 公式,下面的经典公式是其中比较常用的一个。

$$\begin{cases} y_{n+1} = y_n + \dfrac{h}{6}(K_1 + 2K_2 + 2K_3 + K_4) \\ K_1 = f(x_n, y_n) \\ K_2 = f\left(x_n + \dfrac{h}{2}, y_n + \dfrac{h}{2} K_1 \right) \\ K_3 = f\left(x_n + \dfrac{h}{2}, y_n + \dfrac{h}{2} K_2 \right) \\ K_4 = f(x_n + h, y_n + h K_3) \end{cases}$$

Matlab 直接提供了四阶 R-K 法的函数命令,其调用格式为:

$$\text{ode45}('f', \text{Xspan}, y_0)$$

其中'f'是一个字符串,表示微分方程的形式,$\text{Xspan} = [X_0, X\text{final}]$表示积分区间,$y_0$ 表示初始条件。若要得到输出结果,只需给出输出参数即可

$$[X, Y] = \text{ode45}('f', \text{Xspan}, y_0)$$

两个输出参数为列向量 X 与矩阵 Y,其中 X 为估计响应的积分点,而矩阵 Y 即为在对应 X 处的数值解,其行数与向量 X 的长度相等。

例 2.4.2 取 $h = 0.1$,用四阶 R-K 方法求解下列初值问题:

$$\begin{cases} \dfrac{dy}{dx} = -y \\ y(0) = 1 \end{cases} \quad x \in [0, 1]$$

解:本题中经典的四阶 R-K 公式具有形式

$$\begin{cases} y_{n+1} = y_n + \dfrac{0.1}{6}(K_1 + 2K_2 + 2K_3 + K_4) \\ K_1 = -y_n \\ K_2 = -\left[y_n + \dfrac{0.1}{2}(-y_n)\right] = -0.95y_n \\ K_3 = -\left[y_n + \dfrac{0.1}{2}K_2\right] = -0.9525y_n \\ K_4 = -(y_n + 0.1K_3) = -0.90475y_n \end{cases}$$

其计算结果见表2.4.1。

表 2.4.1 四阶 R-K 方法求解例 2.4.2 数值解

x_n	y_n	精确解 $y(x_n)$
0	1	1
0.1	0.904837500	0.904837418
0.2	0.818730901	0.818730753
0.3	0.740818422	0.740818220
0.4	0.670320289	0.670320046
0.5	0.606530934	0.606530659
0.6	0.548811934	0.548811636
0.7	0.496585618	0.496585303
0.8	0.449329289	0.449328964
0.9	0.406569991	0.406569659
1	0.367879774	0.367879441

编写函数的 M 文件 ff1.m

```
function m = ff1(x, y)

m = -y;
```

然后,采用 ode45 函数命令如下:

$$\gg \text{ode45}('\text{ff1}', [0,1], 1)$$

结果见图 2.4.3。

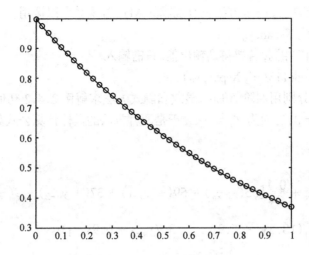

图 2.4.3　四阶 R-K 方法 Matlab 求解例 2.4.2 图示

再输入

$$\gg [X,Y] = \text{ode45}('\text{ff1}', [0,1], 1)$$

返回

　　　X＝略　　　Y＝略

值得指出的是,R-K 方法的推导基于泰勒展开方法,因而它要求所求的解具有较好的光滑性,若解的光滑性差,则使用四阶 R-K 方法求得的数值解,精度可能反而不如改进的欧拉法。在实际计算中,我们应当针对具体的问题来选择合适的算法。

(三) 阿当姆斯(Adams)方法

前面介绍的几种方法,在计算 y_{n+1} 时大多只用到前一个节点上的近似值 y_n,而没有用到前几步计算所得到的信息,故称单步法;实际上,在计算 y_{n+1} 之前已经求出了一系列近似值 $y_0, y_1, \cdots, y_n$,如果充分利用前面多步的信息来预测 y_{n+1},则可以期望获得较高的精度,这就是构造所谓线性多步法的基本思想。

考虑形如

$$y_{n+1} = y_n + h \sum_{i=0}^{k+1} \beta_i f_{n+1-i}$$

的 k 步法,称为阿当姆斯(Adams)方法,$\beta_0 = 0$ 时为显式方法,$\beta_0 \neq 0$ 为隐式方法,通称为阿当姆斯显式与隐式公式。其中最常用的是四阶($k=3$ 时)Adams 公式

$$y_{n+1} = y_n + \frac{h}{24}(55f_n - 59f_{n-1} + 37f_{n-2} - 9f_{n-3}) \tag{2.4.6}$$

$$y_{n+1} = y_n + \frac{h}{24}(9f_{n+1} + 19f_n - 5f_{n-1} + f_{n-2}) \tag{2.4.7}$$

式(2.4.6)称为四阶阿当姆斯显式公式或称为四阶 Adams 外插公式,式(2.4.7)称为四阶阿当姆斯隐式公式或称为四阶 Adams 内插公式。要用显式公式(2.4.6)必须先知道前面

四个点上的函数值,若用隐式公式(2.4.7)计算时需要进行迭代,这样就会使得计算量增大。

类同于 R-K 方法,Adams 方法也有现成的 Matlab 函数可以调用:

$$\text{ode113}(\text{'f'}, \text{Xspan}, y_0)$$

其中各参数与 ode45 相同,若要得到输出值,只需输入

$$[X, Y] = \text{ode113}(\text{'f'}, \text{Xspan}, y_0)$$

例 2.4.3 试分别用四阶 Adams 显式和隐式方法求解例 2.4.2 初值问题。

解:取步长 $h = 0.1$,因为 $f_n = -y_n$,于是两种方法的具体计算公式如下:

四阶显式

$$y_{n+1} = y_n + \frac{0.1}{24}[55(-y_n) - 59(-y_{n-1}) + 37(-y_{n-2}) - 9(-y_{n-3})]$$

$$= \frac{1}{24}(18.5y_n + 5.9y_{n-1} - 3.7y_{n-2} + 0.9y_{n-3})$$

四阶隐式

$$y_{n+1} = y_n + \frac{0.1}{24}[9(-y_{n+1}) + 19(-y_n) - 5(-y_{n-1}) + (-y_{n-2})]$$

即

$$y_{n+1} = \frac{1}{24.9}(22.1y_n + 0.5y_{n-1} - 0.1y_{n-2})$$

计算结果列于表 2.4.2,其中显式方法中 y_0, y_1, y_2, y_3 及隐式方法中的 y_0, y_1, y_2 可用同阶的 R-K 方法计算。

表 2.4.2　四阶 Adams 显式和隐式方法求解例 2.4.2 数值解

x_n	四阶显式 y_n	四阶隐式 y_n	精确解 $y(x_n)$
0.3		0.740818006	0.740818220
0.4	0.670322919	0.670319661	0.670320046
0.5	0.606535474	0.606501383	0.606530659
0.6	0.548818406	0.548811007	0.548811636
0.7	0.496593391	0.496584592	0.490585303
0.8	0.449338154	0.449328191	0.449328964
0.9	0.406579611	0.406568844	0.406569659
1	0.367889955	0.367878598	0.367879441

从表 2.4.2 中可以看出,隐式的精度比同阶显式要高。

或者在 Matlab 中输入:

$$>> \text{ode113}(\text{'ff1'}, [0, 1], 1)$$

可得图 2.4.4。

再输入:

$$[X, Y] = \text{ode113}('ff1', [0, 1], 1)$$

返回　　X =　　　　Y =

X =	Y =
0	1.0000
0.0079	0.9921
0.0237	0.9766
0.0553	0.9462
0.1186	0.8882
0.2186	0.8037
0.3186	0.7272
0.4186	0.6580
0.5186	0.5954
0.6186	0.5387
0.7186	0.4874
0.8186	0.4411
0.9186	0.3991
1.0	0.3679
2.0	

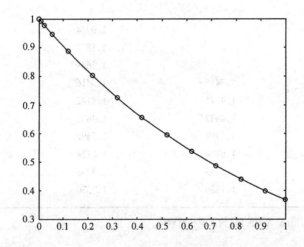

图 2.4.4　四阶 Adams 方法 Matlab 求解例 2.4.2 图示

实际应用中,通常把显式公式和隐式公式结合使用,采用显式公式给出 y_{n+1} 的一个初始近似,记为 $y_{n+1}^{(0)}$,称为预测;接着计算 f_{n+1} 的值,再用隐式公式计算 y_{n+1},称为校正。如同改进欧拉法一样,以欧拉法预测,梯形法做校正。一般取同阶的显式方法与隐式方法相匹配,例如,用四阶 Adams 显示方法做预测,再用四阶 Adams 隐式方法做校正,这样得到下面的四阶 Adams 预测-校正系统。

预测 P

$$y_{n+1}^{p} = y_n + \frac{h}{24}(55f_n - 59f_{n-1} + 37f_{n-2} - 9f_{n-3})$$

求值

$$f_{n+1}^{p} = f(x_{n+1}, y_{n+1}^{p})$$

校正 C

$$y_{n+1} = y_n + \frac{h}{24}(9f_{n+1}^{p} + 19f_n - 5f_{n-1} + f_{n-2}) \tag{2.4.8}$$

求值

$$f_{n+1} = f(x_{n+1}, y_{n+1})$$

例 2.4.4 试用四阶 Adams 预测-校正方法求解下列初值问题。

$$\begin{cases} \dfrac{\mathrm{d}y}{\mathrm{d}x} = y - \dfrac{2x}{y} & x \in [0,1] \\ y(0) = 1 \end{cases}$$

解: 取 $h = 0.1$, 这里 $f_n = y_n - \dfrac{2x_n}{y_n}$, 按公式(2.4.8)进行计算, 结果见表 2.4.3, 初值 y_1, y_2, y_3 由四阶 R-K 方法计算得到。

表 2.4.3 四阶 Adams 预测-校正方法求解例 2.4.4

x_n	y_n^P	y_n	$y(x_n)$
0		1	1
0.1		1.0954	1.0954
0.2		1.1832	1.1832
0.3		1.2649	1.2649
0.4	1.3415	1.3416	1.3416
0.5	1.4141	1.4142	1.4142
0.6	1.4832	1.4832	1.4832
0.7	1.5491	1.5492	1.5492
0.8	1.6124	1.6124	1.6125
0.9	1.6733	1.6733	1.6733
1	1.7320	1.7320	1.7321

注: 表中 $y_n^P, y_n, y(x_n)$ 分别为预测值, 校正值和精确值。

也可在 Matlab 中采用如下命令:

首先给出函数的 M 文件 ff2.m:

```
function y = ff2(x, y)
y = y - 2 * x/y;
```

再运行

```
>> ode113('ff2', [0, 1], 1)
```

得到图 2.4.5。

若输入

```
>> [X, Y] = ode113('ff2', [0, 1], 1)
```

则有

X = 略   Y = 略

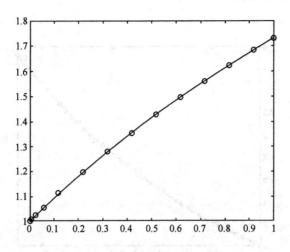

图 2.4.5 四阶 Adams 方法 Matlab 求解例 2.4.4 图示

二、常微分方程组和高阶方程

(一) 一阶方程组

前面我们研究了单个方程 $y' = f(x, y)$ 的数值解法, 只要把 y 和 f 理解为向量, 那么所提供的各种计算公式即可应用到一阶方程组的情形, 考察一阶方程组

$$y'_i = f_i(x, y_1, y_2, \cdots, y_N) \qquad (i = 1, 2, \cdots, N) \qquad (2.4.9)$$

的初值问题, 初始条件为

$$y_i(x_0) = y_i^0 \qquad (i = 1, 2, \cdots, N)$$

若采用向量的记号, 记

$$\begin{aligned} \boldsymbol{y} &= (y_1, y_2, \cdots, y_N)^{\mathrm{T}} \\ \boldsymbol{y}^0 &= (y_1^0, y_2^0, \cdots, y_N^0)^{\mathrm{T}} \\ \boldsymbol{f} &= (f_1, f_2, \cdots, f_N)^{\mathrm{T}} \end{aligned}$$

则上述方程组的初值问题可表示为

$$\begin{cases} y' = f(x, y) \\ y(x_0) = y_0 \end{cases} \qquad (2.4.10)$$

此时, 就可用前面的方法进行计算了。

例 2.4.5 用 Matlab 求解下面的一阶方程组。

$$\begin{cases} y' = z, & y(0) = 1 \\ z' = 3z - 2y, & z(0) = 1 \end{cases}$$

解:首先编写上述方程组的 M 文件 ff3.m:

```
function y = ff3(x, y)
y = [0 1; -2 3] * y;
```

然后运行

$$\gg \text{ode45}('\text{ff3}',[0\ 1],[1\ 1])$$

可得图 2.4.6。

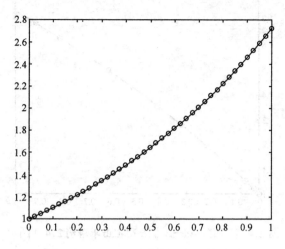

图 2.4.6 Matlab 求解例 2.4.5 结果图

如需输出结果，只要

$$\gg [X,Y]=\text{ode45}('\text{ff3}',[0\ 1],[1\ 1])$$

返回 X, Y 即可。

(二) 化高阶方程为一阶方程组

关于高阶微分方程(或方程组)的初值问题总可以归结为上述一阶方程组来求解。考察下列 m 阶微分方程：

$$y^{(m)} = f(x,y,y',\cdots,y^{(m-1)})$$

初始条件为

$$y(x_0)=y_0,\ y'(x_0)=y'_0,\cdots,y^{(m-1)}(x_0)=y_0^{(m-1)}$$

引进新的变量

$$y_1 = y,\ y_2 = y',\cdots,y_m = y^{(m-1)}$$

则可将上述 m 阶方程化为如下的一阶方程组：

$$\begin{cases} y'_1 = y_2 \\ y'_2 = y_3 \\ \quad\cdots \\ y'_{m-1} = y_m \\ y'_m = f(x,y_1,y_2,\cdots,y_m) \end{cases} \tag{2.4.11}$$

初始条件相应地化为

$$y_1(x_0)=y_0,\ y_2(x_0)=y'_0,\cdots,y_m(x_0)=y_0^{(m-1)}$$

例 2.4.6 用 Matlab 求解方程

$$y'' - 5y' + 6y = 0 \qquad y(0)=1,\ y'(0)=-1$$

解:该二阶方程可化为一阶方程组 $\begin{cases} y' = z & y(0) = 1 \\ z' = 5z - 6y & z(0) = 1 \end{cases}$

编写该方程组的 M 文件 ff4.m:

    function y = ff4(x, y)
    y = [0 1; -6, 5] * y;

运行

    >> ode45('ff4', [0 1], [1 1])

得到图 2.4.7。

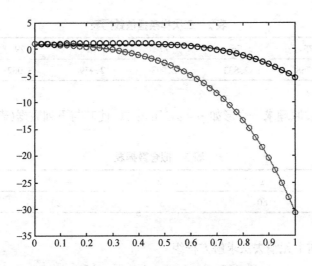

图 2.4.7　Matlab 求解例 2.4.6 结果图

再运行

    >> [X, Y] = ode45('ff4', [0 1], [1 1])

即返回 X, Y。

小　结

本章介绍了应用领域中几种常用的数值计算方法,主要有插值与拟合、线性方程组求解与非线性方程求根、常微分方程的数值解法,给出了各种数值方法的 Matlab 实现命令和应用程序。在实际应用中,对于确定的问题,如何选择算法并不是一件容易的事情,它既要考虑到算法的简易程度和计算工作量的大小,还要考虑算法的精度能否满足实际问题的要求以及算法的收敛性、稳定性等,文中对这类问题讨论较少,只是给出了相应的结论,如收敛速度快慢等;我们更侧重于算法的实现,特别是程序的编写。对于数值化问题,计算量往往很大,建议读者在理解算法理论来源的同时掌握其实验方法,借助计算机完成所需解决的工作任务。

习　题　二

1. 已知函数如表 1 所示。

表 1　已知函数数据表

x	10	11	12	13
$\ln x$	2.3026	2.3979	2.4849	2.5649

试分别用线性插值和拉格朗日插值求 $\ln 11.75$ 的近似值。

2．若给定数组，如表 2 所示。

取第三类边界条件，求三次样条插值多项式。

表 2　三次样条插值数据表

x	75	76	77	78	79	80
y	2.768	2.833	2.903	2.979	3.062	3.153

3．用最小二乘原理求一个形如 $y = a\mathrm{e}^{bx}$ 的公式，使其与下列数据(表 3)相拟合。

表 3　拟合数据表

x	1	2	3	4
y	60	30	20	15

4．用 Gauss 列主元消去法求解方程组

$$\begin{cases} 12x_1 - 3x_2 + 3x_3 = -15 \\ -18x_1 + 3x_2 - x_3 = -15 \\ x_1 + x_2 + x_3 = 6 \end{cases}$$

5．设方程组 $\begin{cases} 5x_1 + 2x_2 + x_3 = -12 \\ -x_1 + 4x_2 + 2x_3 = 20, \\ 2x_1 - 3x_2 + 10x_3 = 3 \end{cases}$ 分别用雅可比迭代法、高斯-塞德尔迭代法

求解。

6．分别取 $\omega = 1.03, 1, 1.1$，用 SOR 方法解下列方程组：

$$\begin{cases} 4x_1 - x_2 \qquad\ = 1 \\ -x_1 + 4x_2 - x_3 = 4 \\ \qquad -x_2 + 4x_3 = -3 \end{cases}$$

7．用二分法求方程 $x^3 - 3x^2 - x - 9 = 0$ 于 $(-2, -1.5)$ 内的根，要求误差小于 0.001。

8．用牛顿法求 $f(x) = \mathrm{e}^{-\frac{x}{4}}(2 - x) - 1 = 0$ 的根。

9．用改进的欧拉法求解初值问题(取 $h = 0.1$)

$$\begin{cases} y' + y + xy^2 = 0, x \in [0, 2] \\ y(0) = 1 \end{cases}$$

10．用四阶 R-K 方法求解下列初值问题：

(1) $\begin{cases} y' = x + y, \, x \in [0, 2] \\ y(0) = -1 \end{cases}$

(2) $\begin{cases} y' = -2y + 2x^2 + 2x = 0, \, x \in [0, 1] \\ y(0) = 1 \end{cases}$

11. 试分别用四阶 Adams 显式和隐式方法求解初值问题。

$$\begin{cases} \dfrac{\mathrm{d}y}{\mathrm{d}x} = 1 - y \\ y(0) = 0 \end{cases} \quad x \in [0, 1] \quad (\text{取 } h = 0.2)$$

第三章　优 化 方 法

为了使系统达到最优的目标而提出的各种求解方法称为最优化方法。在经济管理学上就是在一定人力、物力和财力资源条件下，使经济效果（如产值、利润等）达到最大，并使投入的人力和物力达到最小的系统科学方法。常用的优化方法有线性规划法、非线性规划法、动态规划法、极大值法等。最优化方法是在第二次世界大战前后，在军事领域中对导弹、雷达控制的研究中逐渐发展起来的。它对促进运筹学、管理科学、控制论和系统工程等新兴学科的发展起到了重要的作用。最优化方法解决问题一般可以分为以下几个步骤：①提出需要进行最优化的问题，开始收集有关资料和数据；②建立求解最优化问题的有关数学模型，确定变量，列出目标函数和有关约束条件；③分析模型，选择合适的最优化方法；④求解方程。一般通过编制程序在电子计算机上求得最优解；⑤最优解的验证和实施。通过上述五个相互独立和相互渗透的步骤，最终求得系统的最优解。

随着系统科学的发展和各个领域的需求，最优化方法不断地应用于经济、自然、军事和社会研究的各个领域。最优化方法在实践中的应用可以分为最优设计、最优计划、最优管理和最优控制等四个方面。最优设计：在飞机、造船、机械、建筑设计等工程技术界的最优化方法，并与计算机辅助设计相结合，进行设计参数的优选和优化设计问题的求解。最优计划：在编制国民经济和部门经济的计划和农业、交通、能源、环境、生态规划中，在编制企业发展规划和年度生产计划，领导人的决策方案设计等领域中应用最优化方法的过程称之为最优计划。最优管理是指一般在企业日常生产计划的制定、生产经营中，通过计算机管理系统和决策支持系统等辅助工具，运用最优化方法进行经营管理的过程。最优控制：主要是指在各种控制系统和导弹系统、卫星系统、航天飞机系统、电力系统等高度复杂系统中运用最优化方法的过程。基于篇幅的限制，本章将只对线性规划、非线性规划、整数规划的基本理论和解决方法以及计算机的实现过程作简单的讨论。

第一节　线性规划问题的提出及其数学模型

线性规划（linear programming，LP）是运筹学的一个重要分支，其研究始于20世纪30年代末。许多人把线性规划的发展列为20世纪中期最重要的科学进步之一。1939年，苏联数学家康脱洛维奇研究并发表了《生产组织与计划的数学方法》一书，首次提出了线性规划问题，以后美国学者希奇柯克（F.L.Hitcdcock，1941）和柯普曼（T.C.Koopman，1947）又独立地提出了运输问题这样一类特殊的线性规划问题，1947年美国数学家丹捷格（G.B.Dantzing）提出求解线性规划的一般方法——单纯形法。从而使线性规划在理论上趋于成熟。后来随着计算机技术的迅速发展，大型线性规划问题的迅速求解成为可能，从而使线性规划的应用范围日益广泛。目前，线性规划已广泛应用于工业、农业、商业、交通运输、经济管理和国防等部门的计划管理与决策分析，成为现代管理的有力工具之一。

现实生活中，我们经常面临这种情况，有许多活动要完成，同时存在为完成这些活动可供选择的多种方法。但是，由于有时某些资源有限，这就有一个稀少资源的最优分配问题。线性规划就是研究这样一类问题的理论和方法。问题可以归纳成两种类型：一类是给定了一定数量的人力、物力、财力资源，研究如何运用这些资源使完成的任务最多；另一类是给定了一项任务，研究如何统筹安排，才能以最少的人力、物力、财力等资源来完成该项任务。

一、线性规划问题的提出

(一) 生产计划问题

例3.1.1 某工厂生产甲、乙两种产品，这两种产品都需要在 A、B、C 三种不同设备上加工。每吨甲、乙产品在不同的设备上加工所需的台时数，它们销售后所能获得的利润值以及这三种加工设备在计划期内能提供的有限台时数列于表 3.1.1。试问：如何安排生产计划，即甲、乙两种产品各生产多少吨，方可使该厂所得利润最大？

表3.1.1　生产计划问题

设 备	每吨产品的加工台时		总有限台时
	甲	乙	
A	3	4	36
B	5	4	40
C	9	8	76
利润/(元/t)	32	30	

此问题是一个简单的生产计划问题，可用数学语言描述。设在计划期内甲、乙两种产品的产量分别为 x_1、x_2，按给定的条件，设备 A 在计划期间的有限台时数为 36，这是一个限制条件。因此，在安排生产时，要保证甲、乙两种产品对于设备 A 的使用不超过其总有限台时，可用不等式表示为

$$3x_1 + 4x_2 \leqslant 36$$

类似地，对于设备 B 和设备 C 也有下述不等式：

$$\begin{cases} 5x_1 + 4x_2 \leqslant 40 \\ 9x_1 + 8x_2 \leqslant 76 \end{cases}$$

该厂的目标是使总收益最大，如以 z 代表总收益，则有

$$z = 32x_1 + 30x_2$$

称之为目标函数。

另外，产品产量不可能为负值，因此有 $x_1 \geqslant 0, x_2 \geqslant 0$。

综上所述，此问题的数学模型为：求一组变量 x_1, x_2（称之为决策变量）满足下列限制条件（称之为约束条件）：

$$\begin{cases} 3x_1 + 4x_2 \leqslant 36 \\ 5x_1 + 4x_2 \leqslant 40 \\ 9x_1 + 8x_2 \leqslant 76 \\ x_1, x_2 \geqslant 0 \end{cases}$$

使目标函数 $z = 32x_1 + 30x_2$ 达到最大值。

(二)营养配餐问题

例3.1.2 有A、B两种食品,含有每天必须的营养成分C和D,每天至少需要营养成分C和D分别为2和3个单位。食品A和B的成分和单价如表3.1.2所示。试问如何定制食谱才能使费用最省?

表3.1.2 营养配餐问题

营养成分 \ 食品	A	B
C	1	2
D	3	1
单价	0.9	0.8

设每天购买食品A、B分别为 x_1, x_2 个单位,费用为 z,则此问题的数学模型为:求一组变量 x_1, x_2 满足下列约束条件:

$$\begin{cases} x_1 + 2x_2 \geqslant 2 \\ 3x_1 + x_2 \geqslant 3 \\ x_1, x_2 \geqslant 0 \end{cases}$$

并使目标函数 $z = 0.9x_1 + 0.8x_2$ 达到最小值。

(三)运输问题

例3.1.3 现要从两个仓库(发点)运送库存原棉来满足纺织厂(收点)的需要。三个纺织厂所需原棉数量和两个仓库现有库存量,以及每吨原棉从各个仓库送到各个纺织厂所需的运费如表3.1.3所示。试问在保证各个纺织厂的需求都得到满足的条件下,应采用哪一种运送方案,才能使总运输费用达到最小。

表3.1.3 运输问题

仓库(i^*) \ 运输单价/(元/t) \ 工厂(j^*)	1*	2*	3*	库存量/t
1*	2	1	3	50
2*	2	2	4	30
需求量/t	40	15	25	

注:表中仓库 i^* 是指第 i 个仓库,工厂 j^* 是指第 j 个工厂。

设 x_{ij} 表示 i^* 仓库运送到 j^* 厂的原棉数量。于是,总运费为
$$z = 2x_{11} + x_{12} + 3x_{13} + 2x_{21} + 2x_{22} + 4x_{23}$$
依题意,约束条件如下:
$$\begin{cases} x_{11} + x_{12} + x_{13} \leqslant 50 \\ x_{21} + x_{22} + x_{23} \leqslant 30 \\ x_{11} + x_{21} = 40 \\ x_{12} + x_{22} = 15 \\ x_{13} + x_{23} = 25 \\ x_{ij} \geqslant 0(i = 1,2; j = 1,2,3) \end{cases}$$
即此问题归结为:求一组变量 $x_{ij}(i=1,2; j=1,2,3)$ 满足上述约束条件且使目标函数达到最小。

(四) 合理下料问题

例3.1.4 有一批某种型号的圆钢长 8m,需要截取长 2.5m 的毛坯 100 根,长 1.3m 的毛坯 200 根,问怎样选择下料方式,才能既满足需要,又使总的用料最少?(各种可能的搭配方案如表 3.1.4 所示)。

表3.1.4 合理下料问题

下料件数 \ 方案 \ 毛坯型号	甲	乙	丙	丁	需要根数
2.5m	3	2	1	0	100
1.3m	0	2	4	6	200

设第 j 种方式所用的原材料根数为 x_j,则问题的数学模型为:求一组变量 $x_1, x_2, x_3,$ x_4 满足约束条件
$$\begin{cases} 3x_1 + 2x_2 + x_3 \geqslant 100 \\ 2x_2 + 4x_3 + 6x_4 \geqslant 200 \\ x_j \geqslant 0(j = 1,2,3,4) \end{cases}$$
并使目标函数 $z = x_1 + x_2 + x_3 + x_4$ 达到最小值。

(五) 项目投资问题

例3.1.5 某部门有一批资金用于 A、B、C、D、E 五个工程项目的投资,已知用于各个工程项目时所得的净收益(投入资金的百分比),如表 3.1.5 所示。

表3.1.5 项目投资问题

工程项目	A	B	C	D	E
收益(%)	11	7	8	5	6

注:表中数值表示收益/投入资金×100。

由于某种原因，决定用于项目 A 的投资不大于其他项目之和；用于项目 B 和 D 的投资之和不小于项目 C 的投资。试确定该部门收益最大的投资分配方案。

设 x_1, x_2, x_3, x_4, x_5 分别表示用于项目 A、B、C、D、E 的投资百分数，由于用于各种项目的投资百分数之和必须等于 100%，故有

$$x_1 + x_2 + x_3 + x_4 + x_5 = 1$$

依题意，可将该问题的数学模型描述如下：

求一组变量 $x_1, x_2, \cdots, x_5$，约束条件为

$$\begin{cases} x_1 - x_2 - x_3 - x_4 - x_5 \leqslant 0 \\ x_2 - x_3 + x_4 \qquad \geqslant 0 \\ x_1 + x_2 + x_3 + x_4 + x_5 = 1 \\ x_j \geqslant 0 (j = 1, 2, \cdots, 5) \end{cases}$$

使得目标函数 $z = 0.11x_1 + 0.07x_2 + 0.08x_3 + 0.05x_4 + 0.06x_5$ 达到最大值。

以上五个例子尽管其实际问题的背景有所不同，但讨论的都是资源的最优分配问题。它具有如下一些共同特点。

(1) 目标明确：决策者有着明确的目标，即寻求某个整体目标最优，如最大收益，最小费用等。

(2) 多种方案：决策者可以从多种可供选择的方案中选取最佳方案，如不同的生产方案和不同的物资调运方案以及不同的下料方案等。

(3) 资源有限：决策者的行为必须受到限制，如产品的产量受到设备有限台时的限制，所用原料要受到产量的限制，项目投资又要受到种种原因的限制。

(4) 线性关系：约束条件及目标函数均保持线性关系。

具有以上特点的决策问题，被称之为线性规划问题。从数学模型上概括，可以认为：线性规划问题是求一组非负变量 $x_1, x_2, \cdots, x_n$，在一组线性等式或线性不等式的约束条件下，使得一个线性目标达到最大值或者最小值。

根据以上特征，可以将线性规划问题抽象为一般的数学表达式，即线性规划问题数学模型（简称线性规划模型）的一般形式为

$$\max(\min)z = c_1x_1 + c_2x_2 + \cdots + c_nx_n$$

$$s.t. \begin{cases} a_{11}x_1 + a_{12}x_2 + \cdots + a_{1n}x_n \leqslant (=, \geqslant)b_1 \\ a_{21}x_1 + a_{22}x_2 + \cdots + a_{2n}x_n \leqslant (=, \geqslant)b_2 \\ \qquad\qquad \vdots \\ a_{m1}x_1 + a_{m2}x_2 + \cdots + a_{mn}x_n \leqslant (=, \geqslant)b_m \\ x_1, x_2, \cdots, x_n \geqslant 0 \end{cases}$$

从上述几个实际问题的数学模型，我们看到了线性规划模型的多样性，这种多样性给研究线性规划的解法带来不便。为了便于讨论，我们将如下形式规定为线性规划问题的标准形式：

$$\max z = c_1x_1 + c_2x_2 + \cdots + c_nx_n$$

$$\text{s.t.}\begin{cases} a_{11}x_1 + a_{12}x_2 + \cdots + a_{1n}x_n = b_1 \\ a_{21}x_1 + a_{22}x_2 + \cdots + a_{2n}x_n = b_2 \\ \quad\quad\quad\vdots \\ a_{m1}x_1 + a_{m2}x_2 + \cdots + a_{mn}x_n = b_m \\ x_j \geqslant 0(j = 1, 2, \cdots, n) \end{cases}$$

二、线性规划问题解的概念

线性规划模型的标准形式为

$$\max z = c_1x_1 + c_2x_2 + \cdots + c_nx_n \tag{3.1.1}$$

$$\text{s.t.}\begin{cases} a_{11}x_1 + a_{12}x_2 + \cdots + a_{1n}x_n = b_1 \\ a_{21}x_1 + a_{22}x_2 + \cdots + a_{2n}x_n = b_2 \\ \quad\quad\quad\vdots \\ a_{m1}x_1 + a_{m2}x_2 + \cdots + a_{mn}x_n = b_m \end{cases} \tag{3.1.2}$$

$$x_j \geqslant 0(j = 1, 2, \cdots, n) \tag{3.1.3}$$

1. 可行解

满足线性规划约束条件（3.1.2）和（3.1.3）的解 $X = (x_1, x_2, \cdots, x_n)^{\text{T}}$ 称为线性规划问题的可行解，而所有可行解的集合称为可行域。

2. 最优解

使上模型中式（3.1.1）成立的可行解称为线性规划问题的最优解。

3. 基底

设 A 为约束方程组（3.1.2）的 $m \times n$ 阶系数矩阵，其秩为 m，则 A 中任意 m 个线性无关的列向量构成的 $m \times m$ 阶子矩阵称为线性规划问题的一个基底（基矩阵或简称为一个基），一般记为 B。

组成基的 m 个列向量称为基向量，其余 $n - m$ 个列向量称为非基向量；与 m 个基向量相对应的 m 个变量被称为基变量，其余 $n - m$ 个变量则被称为非基变量。显然，基变量随着基的变化而改变，当基被确定之后，基变量和非基变量也随之确定了。

4. 基本解

令式（3.1.2）中非基变量等于零，对基变量求解所得到的式（3.1.2）的解称之为基本解。

5. 基本可行解

满足非负条件（3.1.3）的基本解称之为基本可行解，简称基可解；对应于基可解的基，称之为可行基。

三、单纯形法

单纯形法的基本思想是根据线性规划的解的性质，在可行域中找到一个基本可行解作初始解；并检验此解是否是最优解，若是最优解可结束计算，否则就转到另一个基本可行解，并使目标函数值得到改进；然后对新解进行检验，以决定是否需要继续进行转换，一直到求得最优解为止。

为了用简洁、紧凑的方式描述单纯形法的计算过程，专门设计了一种计算表格，称为单纯形表。它主要由线性规划标准形式中的系数所组成。这里我们以例 3.1.1（生产计划问题）为例说明如何通过表上作业进行计算。

求解线性规划模型

$$\max z = 32x_1 + 30x_2$$

$$\text{s.t.} \begin{cases} 3x_1 + 4x_2 \leqslant 36 \\ 5x_1 + 4x_2 \leqslant 40 \\ 9x_1 + 8x_2 \leqslant 76 \\ x_1 \geqslant 0, x_2 \geqslant 0 \end{cases}$$

第一步:将上述不等式改写成等式

$$\max z = 32x_1 + 30x_2 + 0x_3 + 0x_4 + 0x_5$$

$$\text{s.t.} \begin{cases} x_3 \qquad\qquad = 36 - 3x_1 - 4x_2 \\ \qquad x_4 \qquad = 40 - 5x_1 - 4x_2 \\ \qquad\qquad x_5 = 76 - 9x_1 - 8x_2 \\ x_j \geqslant 0 \qquad\quad (j = 1,2,3,4,5) \end{cases}$$

取 $\boldsymbol{B}_0 = \begin{bmatrix} 1 & 0 & 0 \\ 0 & 1 & 0 \\ 0 & 0 & 1 \end{bmatrix}$ 为初始可行基, x_3, x_4, x_5 为初始基变量, x_1, x_2 为非基变量, 令 $x_1 = x_2 = 0$ 得初始基本可行解 $\boldsymbol{x}_0 = (0,0,36,40,76)^{\mathrm{T}}$, 此时 $z_0 = 0$。

第二步:建立初始单纯形表如表 3.1.6 所示。

表 3.1.6 初始单纯形表

	$c_j \rightarrow$		32	30	0	0	0	
C_B	X_B	b	x_1	x_2	x_3	x_4	x_5	θ_i
0	x_3	36	3	4	1	0	0	$36/3 = 12$
0	$x_4 \leftarrow$	40	$\boxed{5}$	4	0	1	0	$40/5 = 8$
0	x_5	76	9	8	0	0	1	$76/9 \approx 8.4$
z_j		0	0	0	0	0	0	
	σ_j		$32\downarrow$	30	0	0	0	

说明:

(1) 第一行的 c_j 是目标函数系数。

(2) 第二行是表头,其中 C_B, X_B 分别表示基变量的目标函数系数和基变量;b 表示标准形式的常数列,当非基变量为零时,也是基变量的当前值;x_1, x_2 为决策变量;$x_3, x_4,$ x_5 为松弛变量,即资源剩余量。

(3) 右边双边框里的数字是约束条件系数的当前值 a_{ij}。

(4) z_j 行与 b 列交汇处是目标函数当前值(等于 $\boldsymbol{C}_B^{\mathrm{T}}\boldsymbol{b}$), z_j 行的其余部分表示: $z_j =$

$C_B^T P_j$，称为利润数字(或利益数字)，在经济上它表示增产单位 j 产品要付出的代价。

(5) 最后一行是各变量检验数 σ_j，x_j 列的检验数 σ_j 可用它"头顶上的"目标函数系数 c_j 减去 z_j。在任何时候基变量的检验数一定等于零，因此只需计算非基变量的检验数。在表 3.1.6 中 σ_1、σ_2 均大于零，说明生产甲、乙两种产品均可增加利润，而 $\sigma_1 > \sigma_2$，所以优先考虑生产甲产品，x_1 是换入变量，即非基变量变为基变量，在 x_1 列下面用"↓"表示换入。

(6) 最后一列用来确定出基变量。

关于比值 θ_i：通过 $\sigma_k = c_k - z_k$，其中 $\sigma_k = \max\limits_{1 \leqslant j \leqslant n}(\sigma_j \mid \sigma_j > 0)$，从而确定出了基变量 x_k 后(在此例中 $k = 1$，$\sigma_k = 32$)，再由 $\theta_l = \min(\theta_i) = \min\limits_{1 \leqslant i \leqslant n}\left(\dfrac{b_i}{a_{ik}} \mid a_{ik} > 0\right) = \dfrac{b_l}{a_{lk}}$，进而确定 θ_l。它是根据资源限制条件确定的。在此例中 $\theta_l = \min\left(\dfrac{b_1}{a_{11}}, \dfrac{b_2}{a_{21}}, \dfrac{b_3}{a_{31}}\right) = 8$，所以换出变量为 x_4，用"←"表示。

在三个数中取最小值为 8，说明就设备台时数限制而言，最多只能生产甲产品 8 吨。

此处只考虑 $a_{ik} > 0$ 的情况，不考虑 $a_{ik} \leqslant 0$ 的情况。这是因为 $a_{ik} \leqslant 0$ 时，一定可以使 $x_i = b_i - a_{ik} x_k \geqslant 0$，已经能保证 $x_i \geqslant 0$，所以在计算 θ_i 时，可以不考虑 $a_{ik} \leqslant 0$ 的情况。

(7) x_k 所在列与 x_l 所在行交汇处的元素 a_{lk} 称为主元，在表 3.1.6 中用 $\boxed{a_{lk}}$ 表示。

进行基变换，将 a_{lk} 变为 1，所在列变为单位列向量，即列中其他元素变量为零，方法是用 Gauss-Jordan 消去法，亦即行的初等变换。

(8) 若所有 $\sigma_j \leqslant 0$，则得最优解；否则转入第五步。

(9) 在所有 $\sigma_j > 0$ 中，若有一个 σ_k 对应的非基变量 x_k 的系数列向量 $P_k \leqslant 0$(即 $a_{ik} \leqslant 0$，$i = 1, 2, \cdots$)则此问题无解，停止计算；否则转入第五步。

(10) 此时得初始基本可行解 $\boldsymbol{X}_0 = (0, 0, 36, 40, 76)^T$，目标函数值 $z_0 = \boldsymbol{C}_B^T b = 0$。

第三步：进行迭代得新的单纯形表，如表 3.1.7 所示，此时得到基本可行解 $\boldsymbol{X}_1 = (8, 0, 12, 0, 4)^T$，目标函数值 $z_1 = 256$。

表 3.1.7　迭代一步后的单纯形表

	$c_j \rightarrow$		32	30	0	0	0	
C_B	$\boldsymbol{X}_B$	b	x_1	x_2	x_3	x_4	x_5	θ_i
0	x_3	12	0	8/5	1	$-3/5$	0	7.5
32	x_1	8	1	4/5	0	1/5	0	10
0	$x_5 \leftarrow$	4	0	$\boxed{4/5}$	0	$-9/5$	1	5
z_j		256	32	128/5	0	32/5	0	
	σ_j		0	22/5 ↓	0	$-32/5$	0	

第四步：继续迭代，x_2 换入，x_5 换出，从而得到表 3.1.8。

表 3.1.8　迭代两步后单纯形表

C_B	X_B	b	x_1	x_2	x_3	x_4	x_5	θ_i
		$c_j \rightarrow$	32	30	0	0	0	
0	$x_3 \leftarrow$	4	0	0	1	$\boxed{3}$	-2	4/3
32	x_1	4	1	0	0	2	-1	2
30	x_2	5	0	1	0	$-9/4$	5/4	
z_j		278	32	30	0	$-7/2$	11/2	
σ_j			0	0	0	$7/2 \downarrow$	$-11/2$	

第五步：由于 $\sigma_4 > 0$，按如上方法继续进行 x_4 换入，x_3 换出，如表 3.1.9 所示。

表 3.1.9　最终单纯形表

C_B	X_B	b	x_1	x_2	x_3	x_4	x_5	θ_i
		$c_j \rightarrow$	32	30	0	0	0	
0	x_4	4/3	0	0	1/3	1	$-2/3$	
32	x_1	4/3	1	0	$-2/3$	0	1/3	
30	x_2	8	0	1	3/4	0	$-1/4$	
z_j		282.67	32	30	7/6	0	19/6	
σ_j			0	0	$-7/6$	0	$-19/6$	

表 3.1.9 中所有 $\sigma_j \leqslant 0$，所以已经得到最优解 $\boldsymbol{X}^* = \left(\dfrac{4}{3}, 8, 0, \dfrac{4}{3}, 0 \right)^{\mathrm{T}}$，目标函数最大值为 $z^* = 282.67$，因 x_3, x_4, x_5 是后加入的变量，所以最终的最优解应写成：$\boldsymbol{X}^* = \left(\dfrac{4}{3}, 8 \right)^{\mathrm{T}}$，即生产甲产品 $\dfrac{4}{3}$ 吨，乙产品 8 吨，设备 A，C 的有限台时用尽，而设备 B 的有限台时剩余约 1.3，获得最大利润为 282.67 元。

四、用 Matlab 求解线性规划问题

在 Matlab 优化工具箱中，用于求解线性规划的函数有 Linprog，用法如下：

[语法]

x = linprog(f, A, b, Aeq, beq)

x = linprog(f, A, b, Aeq, beq, lb, ub)

x = linprog(f, A, b, Aeq, beq, lb, ub, x0)

x = linprog(f, A, b, Aeq, beq, lb, ub, x0, options)

[x, fval] = linprog($\cdots$)

[x, fval, exitflag] = linprog($\cdots$)

[x, fval, exitflag, output] = linprog($\cdots$)

[x, fval, exitflag, output, lambda] = linprog($\cdots$)

[说明]

x = linprog(f, A, b)返回值 x 为最优解向量。

x = linprog(f, A, b, Aeq, beq)用于有等式约束的问题,若没有不等式约束,则令 A=[ ]、b=[ ]。

x = linprog(f, A, b, Aeq, beq, lb, ub, x0, options)中 lb, ub 为变量 x 的下界和上界,x0 为初值点,options 为指定优化参数进行最小化。

options 的参数描述:

Display 显示水平,选择'off'不显示输出;选择'iter'显示每一步迭代过程的输出;选择'final'显示最终结果。

MaxFunEvals 函数评价的最大允许次数。

Maxiter 最大允许迭代次数。

TolX x 处的终止容限。

[x, fval] = linprog(…) 左端 fval 返回解 x 处的目标函数值。

[x, fval, exitflag, output, lambda] = linprog(f, A, b, Aeq, beq, lb, ub, x0)的输出部分:

exitflag 描述函数计算的退出条件:若为正值,表示目标函数收敛于解 x 处;若为负值,表示目标函数不收敛;若为零值,表示已经达到函数评价或迭代的最大次数。

output 返回优化信息:output.iterations 表示迭代次数;output.algorithm 表示所采用的算法;output.funcCount 表示函数评价次数。

lambda 返回 x 处的拉格朗日乘子,它有以下属性:

lambda.lower—lambda 的下界;

lambda.upper—lambda 的上界;

lambda.ineqlin—lambda 的线性不等式;

lambda.eqlin—lambda 的线性等式。

实例分析

仅以例 3.1.1 为例,求如下线性规划问题的解。

$$\min z = -32x_1 + -30x_2$$

$$\text{s.t.} \begin{cases} 3x_1 + 4x_2 \leqslant 36 \\ 5x_1 + 4x_2 \leqslant 40 \\ 9x_1 + 8x_2 \leqslant 76 \\ x_1, x_2 \geqslant 0 \end{cases}$$

Matlab 求解代码如下:

```
f = [-32; -30];
A = [3, 4; 5, 4; 9, 8];
b = [36; 40, 76];
lb = zeros(2, 1);
[x, fval] = linprog(f, A, b, [ ], [ ], lb);
```

结果输出

x =

　　1.3333

8.0000

$$fval = -282.6667$$

五、用 LINGO 求解线性规划问题

仍以例 3.1.1 为例。

求解代码

```
model：
max＝32 * x1＋30 * x2；
3 * x1＋4 * x2<＝36；
5 * x1＋4 * x2<＝40；
9 * x1＋8 * x2<＝76；
end
```

结果输出

Rows＝4 Vars＝2 No. integer vars＝0(all are linear)

Nonzeros＝11 Constraint nonz＝6 (0 are ＋－1) Density＝0.917

Smallest and largest elements in abs value＝3.00000   76.0000

No. ＜：3 No. ＝：0 No. ＞：0, Obj＝MAX, GUBs ＜＝1

Single cols＝0

Global optimal solution found at step： 5

Objective value：282.6667

Variable	Value	Reduced Cost
X1	1.333333	0.0000000
X2	8.000000	0.0000000

Row	Slack or Surplus	Dual Price
1	282.6667	1.000000
2	0.0000000	1.166667
3	1.333333	0.0000000
4	0.0000000	3.166667

第二节　非线性规划

线性规划的目标函数和约束条件都是其自变量的线性函数，如果目标函数或约束条件中包含自变量的非线性函数，则这样的规划问题就属于非线性规划。有些问题可以表达成线性规划问题，但有些实际问题则需用非线性规划模型来表达，借助非线性规划的解法来求解。有约束问题与无约束问题是非线性规划的两大类问题，它们在处理方法上有着明显的不同。由于非线性规划问题的解法非常繁杂，没有一种类似于单纯形法那样

的普遍算法，所以本节将略去各种非线性规划问题的不同具体解法，而仅就一些实际非线性规划模型，讨论用 Matlab 求解的过程。

一、非线性规划模型举例

例 3.2.1 二杆桁架的最优设计模型。

由两根等长钢管 AB 和 AC 构成的二杆桁架如图 3.2.1 所示，其中 D-D′ 是钢管的截面图。设桁架的跨度 $2\bar{s}$ 已经选定，钢管的厚度 $\bar{t}$、抗压强度 σ_0、弹性模量 E 也是已知的。所谓最优设计问题，就是要确定钢管的直径 d 和桁架的高度 h，使得桁架在点 A 处承受垂直载荷 $2P$ 时不出现屈曲或弹性变形，并使桁架尽可能轻。

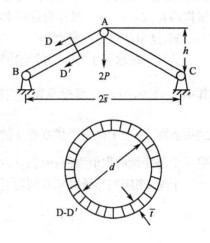

图 3.2.1 二杆桁架图

解：本问题中需要最优化的变量是设计变量 d 和 h，而 $\bar{s}$，$\bar{t}$，σ_0，E，P 都是已知量。

设计的目标是使桁架的重量最轻，这等价于使桁架的体积最小，所以目标函数可取为

$$f(d, h) = 2\pi d\bar{t}(h^2 + \bar{s}^2)^{\frac{1}{2}}$$

余下只要考察问题对 d, h 的约束限制。

当桁架于 A 点承受直载荷 $2P$ 时，每根钢管所受的压力是 $P(h^2 + \bar{s}^2)^{\frac{1}{2}}/h$，因而杆件的应力(即单位截面积所受的压力)为

$$\sigma = \frac{P(h^2 + \bar{s}^2)^{\frac{1}{2}}}{\pi d\bar{t}h}$$

根据结构力学原理,对于选定的钢管,不出现屈曲的条件是 $\sigma \leqslant \sigma_0$($\sigma_0$ 是钢管最大许可的抗压强度),由不出现弹性弯曲的条件可导出

$$\sigma \leqslant \frac{\pi^2 E(d^2 + \bar{t}^2)}{8(h^2 + \bar{s}^2)}$$

这样,若再注意到 d, h 的选择还受到尺寸的限制,整个最优设计模型可用以下非线性规划表示:

$$\min f(d, h) = 2\pi d\bar{t}(h^2 + \bar{s}^2)^{\frac{1}{2}}$$

$$\text{s.t.} \begin{cases} g_1(d, h) = \sigma_0 - P(h^2 + \bar{s}^2)^{\frac{1}{2}}/(\pi d\bar{t}h) \geqslant 0 \\ g_2(d, h) = \dfrac{\pi^2 E(d^2 + \bar{t}^2)}{8(h^2 + \bar{s}^2)} - \dfrac{P(h^2 + \bar{s}^2)^{\frac{1}{2}}}{\pi d\bar{t}h} \geqslant 0 \\ g_3(d, h) = d - d_1 \geqslant 0 \\ g_4(d, h) = d_2 - d \geqslant 0 \\ g_5(d, h) = h - h_1 \geqslant 0 \\ g_6(d, h) = h_2 - h \geqslant 0 \end{cases}$$

例 3.2.2 水源规划模型。

在地区用水规划中,设地区的水源有 n 个,在第 j 个水源处除去生物氧(用来表示污染)x_j 个单位所需的费用为 $f_j(x_j)$,又设 m 个供水点从这些水源取水,且记 a_{ij}——在水源 j 处每除去一个重量单位的生物氧,能使供水点 i 的水质表征量提高 a_{ij},并且在水源 j 最多除去生物氧 μ_j 个单位,那么,若要使各个供水点 $1, 2, \cdots, m$ 的水质依次至少使表征量提高 $b_1, b_2, \cdots, b_m$,怎样确定各水源排除生物氧的重量能使费用为最少?

解:这里待优化的变量是

x_j——在水源 j 处除去的生物氧的重量数。

其中 $j = 1, 2, \cdots, n$。目标函数是在各个水源 j 排除 x_j 重量生物氧的总费用 $\sum_{j=1}^{n} f_j(x_j)$。

约束有两个:一个是每个供水点 i 的水质表征量的提高要求 $\sum_{j=1}^{n} a_{ij}x_j \geqslant b_i (1 \leqslant i \leqslant m)$;另一个是变量的取值限制:$0 \leqslant x_j \leqslant \mu_j (1 \leqslant j \leqslant n)$。

于是,相应的非线性规划问题可记为

$$\min \sum_{j=1}^{n} f_j(x_j)$$

$$\text{s.t.} \begin{cases} \sum_{j=1}^{n} a_{ij}x_j \geqslant b_i, & (i = 1, 2, \cdots, m) \\ 0 \leqslant x_j \leqslant \mu_j, & (j = 1, 2, \cdots, n) \end{cases}$$

例 3.2.3 有一个半径为 2 公里的圆形湖,A、C 两码头恰好位于一条直径的两端,有人要从 A 到 C 处去,若沿湖岸步行速度为 4km/h,而划船速度为 2km/h,问他如何走才能使所用的时间最少?

解:设 θ 为从 A 步行走过的弧所对的圆心角,又设所用时间为 t,则有

$$t = \frac{4\theta}{4} + \frac{4\cos\theta}{2} = \theta + 2\cos\theta$$

则此问题归结为

$$\min t = \theta + 2\cos\theta$$

以上 3 个实例,前两个为约束非线性规划问题,而例 3.2.3 则为无约束非线性规划问题。

二、无约束非线性规划问题的 Matlab 求解

在 Matlab 优化工具箱中,用于求解无约束非线性规划的函数有 fminsearch 和 fminunc。用法介绍如下:

(1) fminsearch 函数。

[语法]

    x = fminsearch(fun, x0);

fun 为目标函数,x0 为给定初始搜索点(可以是标量、向量或矩阵),x 为返回的最优解。

    x = fminsearch(fun, x0, options);

options 设置优化选项参数(TolX, FolFun, MaxFunEvals, MaxIter)

$$x = \text{fminsearch}(\text{fun}, x0, \text{options}, p1, p2, \cdots)$$

$$[x, \text{fval}] = \text{fminsearch}(\cdots)$$

fval 返回目标函数在最优解 x 点的函数值。

$$[x, \text{fval}, \text{exitflag}] = \text{fminsearch}(\cdots)$$

exitflag 描述函数退出条件。如果 exitflag 是 1,则问题收敛;如果是 0,则问题不收敛。

$$[x, \text{fval}, \text{exitflag}, \text{output}] = \text{fminsearch}(\cdots)$$

output 返回优化信息。

(2) fminunc 函数。

[语法]

$$x = \text{fminunc}(\text{fun}, \text{xo})$$

$$x = \text{fminunc}(\text{fun}, \text{xo}, \text{options})$$

$$x = \text{fminunc}(\text{fun}, \text{xo}, \text{options}, p1, p2, \cdots)$$

$$[x, \text{fval}] = \text{fminunc}(\text{fun}, \text{xo}, \cdots)$$

$$[x, \text{fval}, \text{exitflag}] = \text{fminunc}(\text{fun}, \text{xo}, \cdots)$$

若 exitflag 为正值,则目标函数收敛于 x 处;若为负值,则目标函数不收敛;若为零值,表示已经达到函数评价或迭代的最大次数。

$$[x, \text{fval}, \text{exitflag}, \text{output}] = \text{fminunc}(\text{fun}, \text{xo}, \cdots)$$

$$[x, \text{fval}, \text{exitflag}, \text{output}, \text{grad}] = \text{fminunc}(\text{fun}, \text{xo}, \cdots)$$

grad 返回目标函数在最优解 x 点的梯度。

$$[x, \text{fval}, \text{exitflag}, \text{output}, \text{grad}, \text{hessian}] = \text{fminunc}(\text{fun}, \text{xo}, \cdots)$$

hessian 返回目标函数在最优解 x 点的 Hessian 矩阵。

(3) 问题举例。

例 3.2.4 求解如下模型:$\min t = \theta + 2\cos\theta$。

Matlab 代码:

```
%首先编写 t(ct) 的 .m 文件
  function   t = myfun(ct)
     t = ct + 2 * cos(ct);
%然后调用函数 fminsearch
ct0 = 0.6    %搜索的起始点
  [t, fval, exitflag, output] = fminsearch((@myfun, ct0)
t =
  2.6180
fval =
  0.8859
exitflag =
  1
output =
       iterations:20
       funcCount:40
```

algorithm: 'Nelder-Mead simplex direct search'

%也可对此问题调用函数 fminunc

ct0 = 0.6   %搜索的起始点

[t, fval, exitflag, output, grad, hessian] = fminunc(@myfun, ct0)

t =

2.6179

fval =

0.8859

exitflag =

1

output =

iterations: 3

funcCount: 13

stepsize: 0.0850

firstorderopt: 2.1885e-004

algorithm: 'medium-scale: Quasi-Newton line search'

grad =

−2.1885e−004

hessian =

1.7826

三、约束非线性规划问题的 Matlab 求解

在 Matlab 工具箱中, 用于求解约束非线性规划问题的函数有 fminbnd、fmincon、fsem-cnf 和 quadprog。

(一) fminbnd 函数

功能是对优化变量 x 在范围 [x1, x2] 内变动时返回目标函数的最优解。

[语法]

x = fminbnd(fun, x1, x2)

x = fminbnd(fun, x1, x2, options)

x = fminbnd(fun, x1, x2, options, p1, p2, …)

[x, fval] = fminbnd(…)

[x, fval, exitflag] = fminbnd(…)

[x, fval, exitflag, output] = fminbnd

其中各项参数说明同前。

(二) fmincon 函数

功能是求解如下模型:

$$\min_x f(x)$$

$$\text{s.t.}\begin{cases} \boldsymbol{Ax} \leqslant \boldsymbol{b} \\ \textbf{Aeq}\boldsymbol{x} = \textbf{beq} \quad\quad \text{(线性约束)} \\ c(\boldsymbol{x}) \leqslant 0 \\ \text{ceq}(\boldsymbol{x}) = 0 \quad\quad \text{(非线性约束)} \\ \textbf{lb} \leqslant \boldsymbol{x} \leqslant \textbf{ub} \end{cases}$$

其中 $\boldsymbol{x}, \boldsymbol{b}, \textbf{beq}, \textbf{lb}, \textbf{ub}$ 均是向量, $\boldsymbol{A}$ 和 $\textbf{Aeq}$ 为矩阵, $c(x)$ 和 $\text{ceq}(x)$ 是返回值为向量的函数, $f(x)$ 返回标量。

[语法]

  x = fmincon(fun, xo, A, b)

  x = fmincon(fun, xo, A, b, Aeq, beq)

  x = fmincon(fun, xo, A, b, Aeq, beq, lb, ub)

  x = fmincon(fun, xo, A, b, Aeq, beq, lb, ub, nonlcon)

  x = fmincon(fun, xo, A, b, Aeq, beq, lb, ub, nonlcon, options)

  x = fmincon(fun, xo, A, b, Aeq, beq, lb, ub, nonlcon, options, p1, p2, $\cdots$)

  [x, fval] = fmincon($\cdots$)

  [x, fval, existflag] = fmincon($\cdots$)

  [x, fval, existflag, output] = fmincon($\cdots$)

  [x, fval, existflag, output, lambda] = fmincon($\cdots$)

  [x, fval, existflag, output, lambda, grad] = fmincon($\cdots$)

  [x, fval, existflag, output, lambda, grad, hessian] = fmincon($\cdots$)

其中各项参数说明同前。

（三）fseminf 函数

此函数可以解决如下模型求解问题:

$$\min_x f(x)$$

$$\text{s.t.}\begin{cases} c(\boldsymbol{x}) \leqslant 0 \\ \text{ceq}(\boldsymbol{x}) = 0 \\ \boldsymbol{\Lambda x} \leqslant \boldsymbol{B} \\ \textbf{Aeq}\boldsymbol{x} = \textbf{beq} \\ \textbf{lb} \leqslant \boldsymbol{x} \leqslant \textbf{ub} \\ k_1(\boldsymbol{x}, w_1) \leqslant 0 \\ k_2(\boldsymbol{x}, w_2) \leqslant 0 \\ \quad\vdots \\ k_n(\boldsymbol{x}, w_n) \leqslant 0 \end{cases}$$

其中 $\boldsymbol{x}, \boldsymbol{b}, \textbf{beq}, \textbf{lb}, \textbf{ub}$ 均是向量, $\boldsymbol{A}$ 和 $\textbf{Aeq}$ 为矩阵, $c(x)$, $\text{ceq}(x)$ 和 $k_i(x, w_i)$ 是返回值为向量的函数, $f(x)$ 返回一个标量值, $c(x)$, $\text{ceq}(x)$ 和 $f(x)$ 可为非线性函数, $k_i(x, w_i) \leqslant 0$ 是 x 和附加变量 $w_1, \cdots, w_n$ 的连续函数, 且 $w_1, \cdots, w_n$ 通常是二维向量。

[语法]

x = fseminf(fun, x0, ntheta, seminfcon)

x = fseminf(fun, x0, ntheta, seminfcon, A, b)

x = fseminf(fun, x0, ntheta, seminfcon, A, b, Aeq, beq)

x = fseminf(fun, x0, ntheta, seminfcon, A, b, Aeq, beq, lb, ub)

x = fseminf(fun, x0, ntheta, seminfcon, A, b, Aeq, beq, lb, ub, options)

x = fseminf(fun, x0, ntheta, seminfcon, A, b, Aeq, beq, lb, ub, options, p1, p2, …)

[x, fval] = fseminf(…)

[x, fval, exitflag] = fseminf(…)

[x, fval, exitflag, output] = fseminf(…)

[x, fval, exitflag, output, lambda] = fseminf(…)

seminfcon 是计算非线性约束、线性约束和半无穷约束的函数,其他参数说明同前。

(四) quadprog 函数

此函数可解决二次规划问题,模型如下:

$$\min_x \frac{1}{2} x^T H x + f^T x$$

$$\text{s.t.} \begin{cases} Ax \leqslant b \\ Aeq x = beq \\ lb \leqslant x \leqslant ub \end{cases}$$

其中 f, x, b, beq, lb, ub 均为向量,H, A, Aeq 为矩阵。

[语法]

x = quadprog(H, f, A, b)

x = quadprog(H, f, A, b, Aeq, beq)

x = quadprog(H, f, A, b, Aeq, beq, lb, ub)

x = quadprog(H, f, A, b, Aeq, beq, lb, ub, x0)

x = quadprog(H, f, A, b, Aeq, beq, lb, ub, x0, options)

x = quadprog(H, f, A, b, Aeq, beq, lb, ub, x0, options, p1, p2, …,)

[x, fval] = quadprog(…)

[x, fval, exitflag] = quadprog(…)

[x, fval, exitflag, output] = quadprog(…)

[x, fval, exitflag, output, lambda] = quadprog(…)

H 为设置目标函数中的二次系数矩阵,其他参数说明同前。

(五) 问题举例

例 3.2.5 求解非线性规划

$$\min f(x) = (x_1 - 2)^2 + (x_2 - 1)^2$$

$$\text{s.t.} \begin{cases} x_1 - 2x_2 + 1 = 0 \\ \dfrac{1}{4}x_1^2 + x_2^2 - 1 \leqslant 0 \\ x_1 \geqslant 0, \ x_2 \geqslant 0 \end{cases}$$

设 $x_0 = (0, 0.5)^{\mathrm{T}}$。

Matlab 求解代码如下：

```
%首先建立目标函数文件 ffxgm.m
function f = ffxgm(x)
f = (x(1) - 2)^2 + (x(2) - 1)^2;
%再建立约束条件文件 ffxgy.m
function  [c, g] = ffxgy(x)
c(1) = 1/4 * (x(1))^2 + (x(2))^2 - 1;
c(2) = - x(1);
c(3) = - x(2);
g(1) = x(1) - 2 * x(2) + 1;
```

然后在工作空间键入程序如下：

```
x0 = [0 0.5];
nonlcon = @ffxgy;
[x, fval, exitflag] = fmincon(@ffxgm, x0, [], [], [], [], [], [], nonlcon)
```

运行结果如下：

```
x =
    0.8229 0.9114
fval =
    1.3935
exitflag =
    1
```

第三节 整数规划

整数规划是线性规划的延伸，是各种求解线性规划整数最优解方法的总称。在前面所讨论的线性规划问题中，如果它的某些变量（或全部变量）要求取整数时，这个规划问题就称为整数规划问题（integer programming，IP）。整数规划问题可以看作是线性规划问题中对变量的整数约束的一种特殊形式。求解整数规划问题是相当困难的。到目前为止，整数规划问题还没有一个很有效的解决方法。但是由于在应用及理论方面提出的许多实际问题都可以归结为整数规划问题，所以，对整数规划问题的研究在理论和实践上都有着重大意义。

一、整数规划问题模型

例 3.3.1 投资问题。

设某部门在 n 年计划期内，各年的投资额为 b_j $(j=1, 2, \cdots, n)$，有 m 个不同的投资项目 B_i 可供选择。如第 i 个投资项目在第 j 年所需投资为 C_{ij}，第 i 个项目的资金回收率为 d_i。如何在预算范围内合理选择投资项目，使总的资金回收额为最大？

解：设 $$x_i = \begin{cases} 1 & \text{选择项目 } B_i \\ 0 & \text{不选择项目 } B_i \end{cases} \quad (i=1,2,\cdots,m)$$

数学模型为

$$\max \sum_{i=1}^{m} d_i x_i \sum_{j=1}^{n} C_{ij}$$

$$\text{s.t.} \begin{cases} \sum_{i=1}^{m} C_{ij} x_i \leqslant b_j & (j=1,2,\cdots,n) \\ x_i = 0,1 & (i=1,2,\cdots,m) \end{cases}$$

例 3.3.2 材料截取问题。

在某建筑工地上，用某种型号的钢筋来截取特定长度的材料 $A_1, A_2, \cdots, A_m$。在一根钢筋上，截取的方式有 $B_1, B_2, \cdots, B_n$ 种，每种截取方式可以得到各种材料数以及每种长度材料的需要数量如表 3.3.1 所示。问应当怎样安排截取方式，使得既满足需要，又使所用钢筋数最少？

表 3.3.1 各种材料数以及每种长度材料的需要数量

零件名称 ＼ 下料方式	B_1	B_2	$\cdots$	B_n	各零件的需要量
A_1	C_{11}	C_{12}	$\cdots$	C_{1n}	a_1
A_2	C_{21}	C_{22}	$\cdots$	C_{2n}	a_2
$\vdots$	$\vdots$	$\vdots$		$\vdots$	$\vdots$
A_m	C_{m1}	C_{m2}	$\cdots$	C_{mn}	a_m

解：设用 B_j 方式截取的钢筋有 x_j 根，则这一问题的数学模型为：求一组变量 $x_j (j=1,2,\cdots,n)$ 的值，使它满足约束条件

$$\begin{cases} \sum_{j=1}^{n} C_{ij} x_j \geqslant a_i & (i=1,2,\cdots,m) \\ x_j \geqslant 0 \text{ 且为整数} \end{cases}$$

并使目标函数 $S = \sum_{j=1}^{n} x_j$ 的值最小。

从上面两例可看出，整数规划问题模型的建立与线性规划问题基本相似，不同之处在于：整数规划的部分或全部变量均为整数的约束。

二、整数规划求解的一个方法——分枝定界法

例 3.3.3 求解

$$\max z = 5x_1 + 8x_2$$

$$\text{s.t.} \begin{cases} x_1 + x_2 \leqslant 6 \\ 5x_1 + 9x_2 \leqslant 45 \\ x_1, x_2 \geqslant 0 \text{ 且为整数} \end{cases} \qquad (\mathrm{IP_0})$$

解:首先不考虑对变量 x_1、x_2 的取整数要求,解相应线性规划问题

$$\max z = 5x_1 + 8x_2$$

$$\text{s.t.} \begin{cases} x_1 + x_2 \leqslant 6 \\ 5x_1 + 9x_2 \leqslant 45 \\ x_1, x_2 \geqslant 0 \end{cases} \qquad (\mathrm{LP_0})$$

此问题(LP$_0$)称为原问题的松弛问题。

用 Matlab 可以进行求解,代码如下:

```
f = [-5, -8];
A = [1,1;5,9];
B = [6,45];
lb = zeros(2,1);
[x, fval] = linprog(f, A, b, [ ], [ ], lb)
```

结果输出

```
x =
    2.2500
    3.7500
fval =
    -41.2500
```

即松弛问题的最优解为 $x_1 = 2.25$, $x_2 = 3.75$, $z = 41.25$。因 x_1、x_2 均非整数,故对(IP$_0$)问题进行分枝,在(LP$_0$)最优解的非整数变量中任选一个,不妨选 $x_2 = 3.75$, 由于在 $3 < x_2 < 4$ 中不可能包含 x_2 的任何可行整数解。因此 x_2 的可行整数解必须满足下列两个条件之一,即

$$x_2 \leqslant 3 \quad \text{或} \quad x_2 \geqslant 4$$

把这两个约束分别加到(LP$_0$)中得到两个子问题

$$\max z = 5x_1 + 8x_2$$

$$\text{s.t.} \begin{cases} x_1 + x_2 \leqslant 6 \\ 5x_1 + 9x_2 \leqslant 45 \\ x_2 \geqslant 4 \\ x_1, x_2 \geqslant 0 \text{ 且为整数} \end{cases} \qquad (\mathrm{IP_1})$$

$$\max z = 5x_1 + 8x_2$$

$$\text{s.t.} \begin{cases} x_1 + x_2 \leqslant 6 \\ 5x_1 + 9x_2 \leqslant 45 \\ x_2 \leqslant 3 \\ x_1, x_2 \geqslant 0 \text{ 且为整数} \end{cases} \qquad (\mathrm{IP_2})$$

如此完成了第一次分枝工作。

然后求(IP₁)、(IP₂)的相应松弛问题(LP₁)、(LP₂)的最优解得到

(LP₁)的最优解

$$x_1 = 1.8 \quad x_2 = 4 \quad z = 41$$

(LP₂)的最优解

$$x_1 = 3 \quad x_2 = 3 \quad z = 39$$

(LP₂)的解中 x_1、x_2 均取得整数,可认为此子问题已经查清,并可将 $z = 39$ 作为(IP₀)的最优值的一个下界,而对(LP₁)再进行分枝,当然若(LP₁)的最优值比 39 小,则该子问题(IP₁)也已查清,可认为 $x_1 = 3, x_2 = 3$ 即为所求。

将(IP₁)问题用前述方法分析如下:

$$\max z = 5x_1 + 8x_2$$

$$\text{s.t.} \begin{cases} x_1 + x_2 \leqslant 6 \\ 5x_1 + 9x_2 \leqslant 45 \\ x_1 \geqslant 2 \\ x_2 \geqslant 4 \\ x_1, x_2 \geqslant 0 \text{ 且为整数} \end{cases} \quad (\text{IP}_3)$$

$$\max z = 5x_1 + 8x_2$$

$$\text{s.t.} \begin{cases} x_1 + x_2 \leqslant 6 \\ 5x_1 + 9x_2 \leqslant 45 \\ x_1 \leqslant 1 \\ x_2 \geqslant 4 \\ x_1, x_2 \geqslant 0 \text{ 且为整数} \end{cases} \quad (\text{IP}_4)$$

再分别求解(IP₃)、(IP₄)相应的松弛问题,得到:(LP₃)无可行解,即认为该子问题已经查清,不再分枝;(LP₄)的最优解是:$x_1 = 1, x_2 = 4\frac{4}{9}, z = 40\frac{5}{9}$。

此处 x_2 非整数而 $40\frac{5}{9} > 39$,故应对(IP₄)继续分枝,得到(IP₅)和(IP₆)。

分别求解(IP₅)和(IP₆)得

(LP₅)的最优解:$x_1 = 1, x_2 = 4, z = 37$

(LP₆)的最优解:$x_1 = 0, x_2 = 5, z = 40$

以上两问题已查清故都不再分枝。

比较(IP₂)、(IP₅)、(IP₆),可知(IP₀)的最优解是 $x_1 = 0, x_2 = 5, z = 40$。

为了使算法显得更加清楚,可将上述求解过程用分枝图(图 3.3.1)表示。

以上求解过程每次分枝后都涉及求相应(IP)问题的松弛问题(LP)的解,属于线性规划求解问题,均可用 Matlab 求解,但(IP₀)问题可直接用 LINGO 求解,代码如下:

$$\max = 5 * x_1 + 8 * x_2;$$

$$x_1 + x_2 <= 6;$$

$$5 * x_1 + 9 * x_2 <= 45;$$

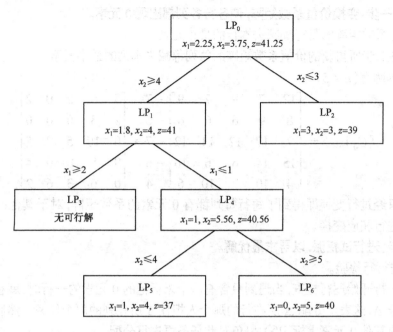

图 3.3.1　分枝定界法示意图

@gin(x_1)；　%gin(…)限定变量为整数

@gin(x_2)；

按求解键可得到结果。

三、最佳指派(或分配)问题

最佳指派(或分配)问题是经济计划工作中经常遇到的一个问题。比如,当某一个部门或某一个企业的生产任务已经确定,如何将它们分配给所属的单位,使得完成这些任务所需费用最小(或效益最大)。分配问题是较简单的线性规划问题,也是运输问题的一个特例,当然可以用线性规划的单纯形法加以求解。然而,使用本章介绍的方法——**匈牙利法**去求解,效果会更好,该方法的得名是因为匈牙利数学家狄·考尼格(D.Konig)为发展这个方法证明了主要定理。

下面将结合一个实际问题对指派问题的匈牙利法做一下详细的介绍。

例 3.3.4　有 5 个人去完成 5 项任务。每个人只能完成 1 项任务,每项任务也只能由 1 个人完成,价值系数矩阵如表 3.3.2 所示(单位:天)。问如何分配才能使完成任务的总时间最少。

表 3.3.2　价值系数表

人员＼任务	A	B	C	D	E
甲	12	7	9	7	9
乙	8	9	6	6	6
丙	7	17	12	14	12
丁	15	14	6	6	10
戊	4	10	7	10	6

解：第一步：变换价值系数矩阵，使各行各列都出现0元素。

(1) 将系数矩阵的每行都减去本行的最小元素；

(2) 将上步所得新的价值系数矩阵的每列都减去本列的最小元素。

对于本例有($n=5$)

$$[C_{ij}]_{n \times n} = \begin{bmatrix} 12 & 7 & 9 & 7 & 9 \\ 8 & 9 & 6 & 6 & 6 \\ 7 & 17 & 12 & 14 & 12 \\ 15 & 14 & 6 & 6 & 10 \\ 4 & 10 & 7 & 10 & 6 \end{bmatrix} \begin{matrix} -7 \\ -6 \\ -7 \\ -6 \\ -4 \end{matrix} \rightarrow \begin{bmatrix} 5 & 0 & 2 & 0 & 2 \\ 2 & 3 & 0 & 0 & 0 \\ 0 & 10 & 5 & 7 & 5 \\ 9 & 8 & 0 & 0 & 4 \\ 0 & 6 & 3 & 6 & 2 \end{bmatrix}$$

本例只经过行变换即得到了每行每列都有0元素的系数矩阵，对于其他问题很可能还需对列进行相应变换。

第二步：进行试指派，以寻求最优解。

(1) 进行行检验。

从第一行开始逐行检查，当遇到只含有一个未标记的0元素的一行时，就在该0元素上标记符号$\triangle$，这表示分配$\triangle$所在行的那个人担任$\triangle$所在列的那个任务。然后在该0元素所在列的其他0元素上标记$\otimes$，以免对此任务再进行分配。

重复上述行检验，直到每一行都没有未标记的0元素或至少有两个未标记的0元素时为止。

(2) 进行列检验。

与行检验类似，从第一列开始逐列检查，当遇到只含有一个未标记的0元素的一列时，就在该0元素上标记$\triangle$，并在该0元素所在行的其他0元素上标记$\otimes$。

重复上述列检验，直到每一列都没有未标记的0元素或至少有两个未标记的0元素时为止。

(3) 反复进行(1)、(2)直到下列三种情况之一出现：

情况一：每一行均标记有$\triangle$，令$\triangle$的个数为m，则有$m=n$。

情况二：存在未标记的0元素，但它们所在行和列中，未标记的0元素均至少有2个。

情况三：不存在未标记的0元素，但$\triangle$的个数$m < n$.

(4) 如果情况一出现，则得一完整的最优分配方案，可停止计算；如果情况二出现，可标记$\triangle$到任何一个0元素上，再将其同行、同列的其他0元素上标记$\otimes$，然后返回步骤"第二步(1)"；如果情况三出现，则转到"第三步"。

本例经过反复的行、列检验后得到如下矩阵：

$$\begin{bmatrix} 5 & \triangle & 2 & \otimes & 2 \\ 2 & 3 & \otimes & \otimes & \triangle \\ \triangle & 10 & 5 & 7 & 5 \\ 9 & 8 & \triangle & \otimes & 4 \\ \otimes & 6 & 3 & 6 & 2 \end{bmatrix}$$

此矩阵$m=4$，而$n=5$，故为情况三出现，亦即未得到完全分配方案，求解过程按以下步骤继续进行。

第三步:作最少的直线覆盖当前所有 0 元素(包括标记上 Δ 和 ⊗ 的)。

(1) 对所有不含 Δ 的行的右侧打√号。

(2) 对已打√号的行中含有⊗元素的列的下侧打√号。

(3) 对已打√号的列中含有 Δ 的行的右侧打√号。

(4) 重复上述步骤"第三步(2)""第三步(3)",直到不能进一步打√为止。

(5) 对没打√号的每一行画一横线,而对于已打√号的每列画一纵线,即得到覆盖当前所有 0 元素的最少直线。

本例题中,给第二步所得矩阵的第 5 行打√号,再给第 1 列打√号,然后给第 3 行打√号。分别对该矩阵的第 1、2、4 行画一横线,而对第 1 列画一纵线。即得到覆盖当前所有 0 元素的最少直线。此矩阵如下:

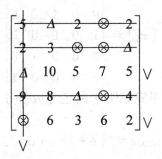

第四步:对上步所得矩阵进行变换,以增加其 0 元素。

从没被任何直线覆盖的各元素中找出最小元素,逐个将打√号的行的各元素都减去这个最小元素,而打√号的列的各元素都加上这个元素,以保证打√号的行中的 0 元素不变为负值而仍为 0 元素。

将矩阵中标记的 Δ、⊗还原为 0,去掉√及直线,返回"第二步"对矩阵进行行、列检验。

本例中,未被任何直线覆盖过的各元素中的最小元素为 2,将第 3、5 行各元素分别减去 2,将第 1 列各元素分别都加上 2,并将矩阵中标记的 Δ、⊗还原为 0,去掉√及直线由此得到如下矩阵,比原来增加了一个 0 元素。

$$\begin{bmatrix} 7 & 0 & 2 & 0 & 2 \\ 4 & 3 & 0 & 0 & 0 \\ 0 & 8 & 3 & 5 & 3 \\ 11 & 8 & 0 & 0 & 4 \\ 0 & 4 & 1 & 4 & 0 \end{bmatrix}$$

返回"第二步"对矩阵进行行、列检验。得到如下矩阵:

$$\begin{bmatrix} 7 & Δ & 2 & ⊗ & 2 \\ 4 & 3 & 0 & 0 & ⊗ \\ Δ & 8 & 3 & 5 & 3 \\ 11 & 8 & 0 & 0 & 4 \\ ⊗ & 4 & 1 & 4 & Δ \end{bmatrix}$$

从以上矩阵看出情况二出现。此时可以在四个 0 元素中任取一个,比如第 2 行第 3 列的元素进行标记然后将其所在行、列的其他 0 元素上标记⊗,再重新进行检验给第 4 行第 4 列的 0 元素标记 △。于是得到

$$\begin{bmatrix} 7 & \triangle & 2 & \otimes & 2 \\ 4 & 3 & \triangle & \otimes & \otimes \\ \triangle & 8 & 3 & 5 & 3 \\ 11 & 8 & \otimes & \triangle & 4 \\ \otimes & 4 & 1 & 4 & \triangle \end{bmatrix}$$

此矩阵中已具有 $n=5$ 个独立的 0 元素,即得到了最优解,其相应的解矩阵为

$$[x_{ij}] = \begin{bmatrix} 0 & 1 & 0 & 0 & 0 \\ 0 & 0 & 1 & 0 & 0 \\ 1 & 0 & 0 & 0 & 0 \\ 0 & 0 & 0 & 1 & 0 \\ 0 & 0 & 0 & 0 & 1 \end{bmatrix}$$

由此得知最优指派方案为甲完成任务 B,乙完成任务 C,丙完成任务 A,丁完成任务 D,戊完成任务 E,最少时间为

$$\min z = 7+6+7+6+6 = 32$$

即总的最少时间为 32 天。

当然,由于方法第二步(4)中的情况二的出现,造成指派问题的最优解常常是不唯一的,但不同最优解的最优值总是相同的。

习 题 三

1. 某钢筋车间制作一批钢筋(直径相同),长度为 3m 的 90 根;长度为 4m 的 60 根。已知所用的下料钢筋每根长 10m,问怎样下料最省? 建立此问题的线性规划模型。并用单纯形法、Matlab、LINGO 求解。

2. 某钢厂的两个炼钢炉同时各用一种方法炼钢,第一种炼法每炉要用时为 a,燃料费用为 m;第二种炼法每炉要用时为 b,燃料费用为 n。假定这两种炼法每炉都是出钢量 k,现在要在时间 c 内炼出钢量不少于 d,问应怎样分配这两种炼法才能使燃料费用最少。把这个问题表达成一个线性规划模型。

3. 某寻呼台每天需要话务人员数、值班时间以及工资情况如表 1 所示。每班话务员在轮班开始时报到,并连续工作 9 h。问如何安排,才能既满足需求又使总支付工资最低,试建立数学模型。并用单纯形法、Matlab、LINGO 求解。

表 1 人员时间工资情况

时　间	最少人数	每人工资
0~3	6	60
3~6	4	60
6~9	8	55
9~12	10	50
12~15	13	48
15~18	15	45
18~21	13	50
21~0	8	56

4. 用单纯形法、Matlab、LINGO 求下列线性规划问题的最优解：

(1) $\max z = 3x_1 + 5x_2$

$$\text{s.t.} \begin{cases} x_1 \leqslant 4 \\ 2x_2 \leqslant 12 \\ 3x_1 + 2x_2 \leqslant 18 \\ x_1, x_2 \geqslant 0 \end{cases}$$

(2) $\max z = 2x_1 - x_2 + x_3$

$$\text{s.t.} \begin{cases} 3x_1 + x_2 + x_3 \leqslant 60 \\ x_1 - x_2 + 2x_3 \leqslant 10 \\ x_1 + x_2 - x_3 \leqslant 20 \\ x_1, x_2, x_3 \geqslant 0 \end{cases}$$

(3) $\max z = 6x_1 + 2x_2 + 10x_3 + 8x_4$

$$\text{s.t.} \begin{cases} 5x_1 + 6x_2 - 4x_3 - 4x_4 \leqslant 20 \\ 3x_1 - 3x_2 + 3x_3 + 8x_4 \leqslant 25 \\ 4x_1 - 2x_2 + x_3 + 3x_4 \leqslant 10 \\ x_1, x_2, x_3, x_4 \geqslant 0 \end{cases}$$

(4) $\max z = x_1 + 6x_2 + 4x_3$

$$\text{s.t.} \begin{cases} -x_1 + 2x_2 + 2x_3 \leqslant 13 \\ 4x_1 - 4x_2 + x_3 \leqslant 20 \\ x_1 + 2x_2 + x_3 \leqslant 17 \\ x_1 \geqslant 1 \quad x_2 \geqslant 2 \quad x_3 \geqslant 3 \end{cases}$$

(5) $\min z = -5x_1 - 4x_2$

$$\text{s.t.} \begin{cases} x_1 + 2x_2 \leqslant 6 \\ 2x_1 - x_2 \leqslant 4 \\ 5x_1 + 3x_2 \leqslant 15 \\ x_1, x_2 \geqslant 0 \end{cases}$$

5. 用 Matlab、LINGO 求非线性规划问题的最优解

$$f(x) = -x_1x_2x_3$$
$$\text{s.t.} \, 0 \leqslant x_1 + 2x_2 + 2x_3 \leqslant 72$$

6. 求侧面积为常数 150m² 的体积最大的长方体的体积，建立此问题的数学模型。并用 Matlab、LINGO 求解。

7. 试设计一压缩圆柱螺旋弹簧，要求其质量最小。弹簧材料为钢材，密度为 7.8×10^{-6}kg/mm²。最大工作载荷为 40N，最小工作载荷为 0N，载荷变化频率为 25Hz，弹簧寿命为 104h，弹簧钢丝直径 d 的取值范围为 1～4mm，中径 D_2 的取值范围为 10～30mm，工作圈数 n 不应小于 4.5 圈，弹簧旋绕比 C 不应小于 4，弹簧一端固定，一端自由，工作温度为 50℃，弹簧变形量不应小于 10mm。建立此问题的数学模型。并用 Matlab、LINGO 求解。

8. 有 4 个工人，要指派他们分别完成 4 项工作，每项工作只能由一人来做，每个人只能做一项工作。每人做各项工作所消耗的时间如表 2 所示，问指派哪个人去完成哪项工作，可使总消耗时间为最小？

表 2 人员消耗时间表

工人＼工作	A	B	C	D
甲	15	18	2	24
乙	19	23	22	18
丙	26	17	16	19
丁	19	21	23	17

9. 设有 4 件工作分派 4 人去做, 每项工作只能由一人来做, 每个人只能做一项工作。表 3 为各人对各项工作所具有的工作效率。希望适当安排人选, 既发挥各人特长又能使总的效率最大。

表 3　工作效率表

工人 ＼ 工作	A	B	C	D
甲	0.6	0.2	0.3	0.1
乙	0.7	0.4	0.3	0.2
丙	0.8	1.0	0.7	0.3
丁	0.7	0.7	0.5	0.4

第四章　统计分析

统计学是研究有关收集、整理、分析数据，从而对所考察的问题做出一定结论的方法和理论的学科。包含两个方面的统计分析方法和技术：一是获取信息的方法和技术，即为了经济有效地获取数据资料，应该如何科学地进行观测、调查或试验；二是提炼信息的方法和技术，即如何运用获取的数据资料，用统计分析方法对实际问题中蕴含的规律及其因果关系进行科学的推断。本章将介绍一些常用的统计分析方法，并结合农业生产实践中的一些实际问题，讲述如何应用国际三大标准统计分析软件之一 SPSS 实现各种统计分析方法的计算。

统计分析方法通常分为描述性统计和统计推断两部分。描述性统计就是把数据本身包含的信息加以总结、概括、浓缩、简化和提炼，并以清晰、明了和便于理解的处理方式表达出来，如用统计图、表、数字特征等。统计推断则是根据抽样数据，对随机变量的概率分布、数字特征以及随机变量间的相互关系等做出假设和推断，并进行统计检验。

第一节　统计图形

统计图形是指利用线条、图块等几何图形来表现统计数据的一种手段。这种方式使得枯燥乏味的抽象数字变成形象生动、简单直观的图形。统计图形在现代统计分析中占有重要地位，不再仅仅局限于数据的描述性统计，而且开始在数据的探索性分析甚至建模阶段得到大量使用，成为统计分析中有力的工具。

一、统计图形的分类和图形分析基本步骤

统计图形大致分类及用途：

(1) 数据显现，即利用图形形象、直观、有效地表现出数据中所蕴含的信息，体现出数据分布特征，这类图形主要包括直方图、条形图、折线图和箱尾图等。

(2) 探索性数据分析，广泛利用统计图形的直观效应，分析和探索数据中所包含的有关统计数据总体的分布、数字特征以及变量之间的相互关系等信息，这一过程常用的图形主要有茎叶图、曲线图、P-P 图和 Q-Q 图等。

(3) 管理与控制，该类统计图形主要应用于农业生产现场，其中主要有 Pareto 图、控制图和计划图等。

统计图形在不同场合下有许多不同的用法。统计图形分析的难点在于如何根据实际问题的需要，选择对统计分析最有利的图形工具。一般地，图形分析的基本步骤是：

(1) 收集数据，创建数据文件。

(2) 根据研究目的，选择合适的统计图形类型。

(3) 利用适当的统计软件绘制图形，并进行计算和分析。

(4) 对获得的结果进行阐述、解释和评价。

(5) 结合实际情况验证和检验图形分析的结论。

二、SPSS 的统计图形分析

(一) 直方图、箱尾图、P-P 概率图

直方图 (Histogram) 是以一组无间隔等宽度的直立矩形块表现各区间的频数分布特征的统计图。它以每一条形高度代表相应组别中数据的频率。

箱尾图也是一种描述数据分布的统计图形,利用它可以较完整地体现随机变量取值的分布情况。其主要构图参数有 5 个,分别为随机变量观测数据的 0 分位数 $X_1^* = \min\{X_1, X_2, \cdots, X_n\}$,四分之一分位数 Q_1,四分之二分位数(中位数)M_d,四分之三分位数 Q_3 以及 1 分位数 $X_n^* = \max\{X_1, X_2, \cdots, X_n\}$。这 5 个特征数将样本数据平均分成了四份,可根据箱尾图中四个部分的宽窄及对称性等特征分析数据的具体分布情况。

P-P 概率图(P-P Probability Plot)用于检验样本数据是否符合某一指定的概率分布,它根据样本数据积累比例和指定的概率分布积累比例生成图形。该指定概率分布的积累比例为一条直线,若被检验的样本数据点基本位于该直线上,则样本数据符合该指定的概率分布。

例 4.1.1 在作物播种选种中,要比较某两种玉米品种优良性,其中一个评价指标是玉米穗重。现从两个品种中各随机抽取 50 穗,测得穗重数据如表 4.1.1。试利用适当的统计图形分析玉米穗重的分布情况。

表 4.1.1 两个品种玉米穗重数据 单位:g

品种 1					品种 2				
248	261	199	202	232	265	253	274	199	281
234	178	194	197	241	264	268	178	209	302
278	176	207	176	192	202	310	256	247	197
251	218	248	199	207	245	235	298	252	246
254	187	272	209	280	213	225	257	237	229
232	253	244	234	301	199	312	259	256	302
219	219	254	242	209	231	249	293	207	281
234	218	262	223	188	274	212	209	213	278
218	209	219	262	242	245	299	226	262	267
287	212	266	212	238	278	245	235	239	254

问题分析:

本例中,采用频率直方图体现两个品种玉米穗重的分布情况,还可以绘制箱尾图,体现样本数据的中心位置及数据分散性等特征,观察是否有特异值(离群值)。利用 P-P 概率图还可以直观地检验样本数据是否符合指定的概率分布。

实验步骤:

(1) 创建 SPSS 数据文件,引入两个变量 group 和 X,分别表示玉米品种和穗重,输入

表 4.1.1 中数据。

(2) 利用 SPSS 交互式图形功能分别绘制两个玉米品种穗重的频率直方图。

1) 按 Graphs →Interactive →Histogram 顺序逐一单击鼠标, 展开 Great Histogram 创建直方图对话框(见图 4.1.1)。

2) 在 Assign Variable 功能卡上, 选择 3-D Coordinate 项, 将变量 X(玉米穗重)选入 X2 框中, 变量 group(品种)选入 X1 框中, Y 轴框中的统计量为 Count, 取消 Cumulative histogram 复选项。

3) 其他功能选项均为默认值, 单击 OK 键, 生成玉米穗重频率直方图 4.1.2。

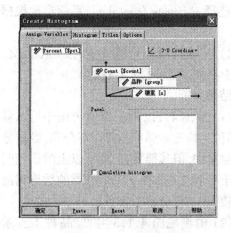

图 4.1.1　直方图对话框

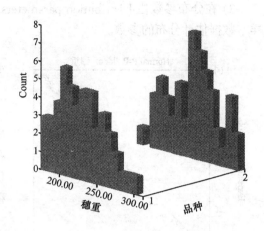

图 4.1.2　玉米穗重直方图

(3) 箱尾图也能够体现数据总体的分布情况, 现分品种 1 和 2 绘制两个简单箱尾图。

1) 按 Graphs →Boxplot 顺序逐一单击鼠标, 打开 Boxplot Chart 箱尾图主对话框。

2) 将变量 X(玉米穗重)选入 Variable 描述变量栏, 将变量 group 选入 Category Axis 分类变量框。

3) 其他选项均为默认值, 单击 OK 键, 生成两个箱尾图, 见图 4.1.3。

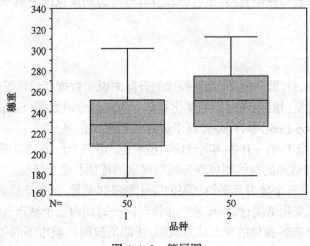

图 4.1.3　箱尾图

（4）为检验玉米穗重样本数据是否近似服从正态分布,可绘制 P-P 概率图(P-P, Probability Plots)。

1）按 Graphs→P-P 的顺序逐一单击鼠标,打开 P-P 概率图主对话框。

2）将变量 X 选入 Variables 检验变量框。Test Distribution 功能选项用于选择概率分布,SPSS 提供了 13 种概率分布,其中常用的有贝塔分布(Beta)、卡方分布(Chi-square)、指数分布(Exponential)、伽马分布(Gamma)、逻辑斯谛分布(Logistic)、正态分布(Normal)、t 分布(Student't)、威布尔分布(Weibull)、均匀分布(Uniform)等,本题选择 Normal(正态分布)。

3）在分布参数栏 Distribution parameters 中,选择 Estimate from data,系统自动根据样本数据估计分布的参数。

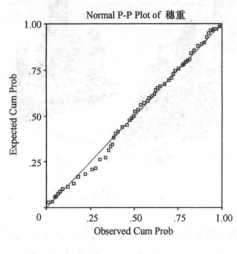

图 4.1.4　P-P 概率图

4）其他选项均为默认值,按 OK 提交,生成 P-P 概率图,见图 4.1.4。

结果分析:

（1）由图 4.1.2 的三维直方图中可以看出,品种 1 的玉米穗重呈现正态分布,数据分布相对集中,但其穗重在 240g 以上的比例明显少于品种 2。品种 2 玉米穗重的数据离散程度较大,不符合正态分布。

（2）由箱尾图 4.1.3 可见,品种 1 玉米穗重的中位数为 225g 左右,而品种 2 的中位数为 250g 左右,略高于品种 1,其上、下四分位数分别为 280g 和 225g,均高于品种 1;从图形上看,品种 1 的箱尾图中箱子略靠下,表现出右尾长的偏态分布,品种 2 中箱子位置靠上,表现出左尾长的偏态分布。

（3）图 4.1.4 是 P-P 概率图,通过它可以直观地检验样本数据是否近似服从正态分布。由图可见数据点与理论直线(正态分布)很接近,说明从总体上来看,穗重数据近似呈正态分布。

（二）线图

线图(Line Chart),即曲线图,是用线段的升降来说明数据变动情况的一种统计图,主要用于表现某一现象(指标)随时间的变化趋势。曲线图分单线图(Simple)、多线图(Multiple)和垂线图(Drop-Line)等许多种,以下通过实例简要介绍。

例 4.1.2　根据 1993~1999 年哈尔滨、昆明、广州三个城市的月平均气温记录数据(见表 4.1.2),选择适当的曲线图体现各城市气温的特征及变化情况。

分析:为了比较三个城市月平均气温的变化趋势和差异,可先选择多线图同时体现三个城市月平均气温变化情况;如果要进一步体现同一时期内三个城市气温的差异,还可以选择垂线图;利用 SPSS 提供的交互式点线图,还能反映同一城市不同年份月平均气温的整体变化情况。

表4.1.2 1993～1999年哈尔滨、广州、昆明月平均气温数据 单位:℃

年份	月份	哈尔滨	广州	昆明	年份	月份	哈尔滨	广州	昆明
1993	1	−15.3	15.4	9.1	1996	7	21.2	29	20.1
1993	2	−16	13.8	11.2	1996	8	22.8	29	19.1
1993	3	−4.4	14.7	14.2	1996	9	14.8	27.8	17.7
1993	4	5.8	20.7	16.3	1996	10	6.2	23.9	15.7
1993	5	13.2	26.6	20.2	1996	11	−3.4	19.9	11.7
1993	6	21.5	28.5	20.6	1996	12	−15.4	16.5	8.1
1993	7	22.4	29	20	1997	1	−15.9	13.3	7.7
1993	8	22	27.7	19.5	1997	2	−12.1	13.1	7.8
1993	9	14.7	27.1	17	1997	3	−1.7	15.9	13.8
1993	10	6.3	24.1	15.4	1997	4	7.1	22.3	16.9
1993	11	−4.6	18.2	11.1	1997	5	14.5	25.2	19.5
1993	12	−15.5	15.3	8.8	1997	6	18.2	27.3	20.7
1994	1	−15.5	12.8	7.9	1997	7	23.2	28.5	19.4
1994	2	−10.9	14.9	10	1997	8	20.6	29.6	20
1994	3	−0.9	18.2	12.4	1997	9	13.3	28.3	18.5
1994	4	8.1	21.9	17.3	1997	10	6.4	23.6	13.9
1994	5	14.8	25.1	18.5	1997	11	−6.7	19.3	10.1
1994	6	19.7	27.8	20.3	1997	12	−15.6	17.7	7.6
1994	7	21.9	29.2	19.5	1998	1	−18.6	11.9	7
1994	8	21.6	29.1	19.2	1998	2	−10.9	16.5	10.5
1994	9	13.8	28.1	18.8	1998	3	−0.9	18.4	14.1
1994	10	6.3	25.1	15.4	1998	4	6.3	21.4	16.8
1994	11	−4.2	20.2	11.6	1998	5	15.4	25.8	19.1
1994	12	−14	15.6	7.3	1998	6	18.5	27.5	20.8
1995	1	−21.5	13.7	8.2	1998	7	22.7	29.5	20.6
1995	2	−10.9	14.8	9.8	1998	8	20	29.2	19.7
1995	3	1.6	18.9	12	1998	9	14.9	27.4	17.9
1995	4	6.9	21.1	15.9	1998	10	5.8	23.6	14.1
1995	5	15.2	24.8	16.9	1998	11	−5.8	20.1	11.6
1995	6	20.3	28.2	18.9	1998	12	−14.8	15.3	8.7
1995	7	22.6	29.3	19.4	1999	1	−20.5	15.4	10.9
1995	8	21.5	30.2	20.2	1999	2	−13.5	15.3	11.5
1995	9	14	28.2	18.1	1999	3	−4.7	16.7	12.4
1995	10	9.1	24.7	15.4	1999	4	8.7	24.3	19.1
1995	11	−2.1	20.8	12.9	1999	5	14.3	27.2	19.6
1995	12	−11.5	17	8.7	1999	6	22.3	27.7	19.6
1996	1	−19	14.5	8.8	1999	7	24.1	28.4	20.2
1996	2	−12.4	16.2	10.3	1999	8	22	28.2	19.9
1996	3	−4	19.5	14.4	1999	9	15.4	27.4	18.6
1996	4	7.2	22.6	16.8	1999	10	6.6	24.4	15.6
1996	5	15.8	26.3	19	1999	11	−2.4	22.4	12.2
1996	6	19.8	28.2	20.1	1999	12	−15.9	17.2	9.3

实验步骤:

(1) 创建数据文件。建立包含年份、月份、哈尔滨、广州、昆明五个数值型变量的文件,输入表4.1.2中的数据。

(2) 绘制多线图,体现三个城市月平均气温变化趋势和特征。

1) 按 Graph→Line 顺序逐一单击鼠标,打开 Line Chart 线图主对话框。

2) 选择多线图 Multiple,在统计量描述模式栏(Data in Chart Are),选择按变量模式统计(Summaries of Separate Variables),单击 define 功能框,打开线条图子对话框。

3) 在 Define Multiple Line 子对话框中,将哈尔滨、广州、昆明三个变量选入 Lines Represent 一栏,将月份作为横坐标选入 Category Axis 一栏。

4) 其他选项均采用默认值,单击 OK 键,生成图 4.1.5。

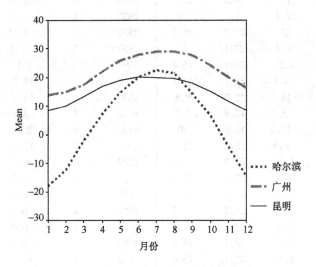

图 4.1.5 各市月平均气温线条图

(3) 绘制变量模式垂线图,体现同一时期三个城市月平均气温差异。

在 Line Chart 线图主对话框选择 Drop-Line 和 Summaries of Separate Variables 选项,以下步骤同步骤(2)的 3)、4),生成垂线图,见图 4.1.6。

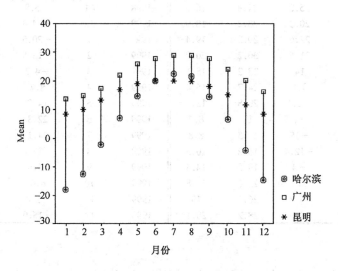

图 4.1.6 三个城市气温变化垂线图

(4) 绘制三维点线图体现一个地区不同年份月平均气温变化情况(以哈尔滨为例)。

1) 选择 SPSS 提供的交互式点线图, 按 Graph→Interactive→Line 顺序逐一点击鼠标, 展开 Great Line 线图对话框。

2) 在 Assign Variables 功能项上, 选择 3-D Coordinate 项。将变量"哈尔滨"选入 Y 轴变量框, 变量"月份"选入 X1 轴, 变量"年份"选入 X2 轴。

3) 在 Dots and Lines 功能项上, 选中 Dots 复选项, 在 options 功能项中单击 Classic 选项。

4) 其他选项均采用默认值, 单击 OK 键, 生成哈尔滨市各年月平均气温变化图, 见图 4.1.7。

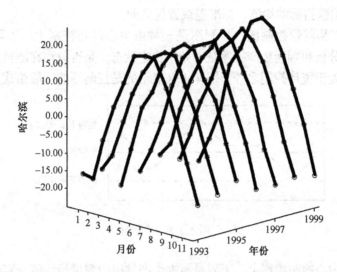

图 4.1.7　哈尔滨市各年月平均气温三维点线图

结果分析:

(1) 图 4.1.5 中三条曲线分别体现了哈尔滨、广州、昆明三座城市 1993～1999 年月平均气温变化情况。显而易见, 广州一年四季的气温都高于其余两个城市, 且各月平均气温变化不大。而哈尔滨正好与之形成鲜明对比, 一年四季非常分明, 1 月和 7 月的月平均气温相差近 40℃, 夏季 6～8 月的气温高于昆明。昆明一年四季的温差很小。垂线图 4.1.6 能更清晰地体现三座城市同期气温的差别, 体现各城市的气候特点。

(2) 图 4.1.7 是哈尔滨 1993～1999 年各年气温变化的三维点线图, 体现了该市不同年份月平均气温变化情况。从中可以看出多年来气温变化的规律性, 也可以了解个别年份某些时段的气温异常情况, 例如, 1999 年夏季气温就比其他年份同期气温高; 1993 年 1～2 月的气温比其他年份同期气温高, 类似地还可以绘制其余城市各年月平均气温变化三维点线图。

(三) 控制图

早在 20 世纪 20 年代中期, 美国的两位著名的统计学家休哈特 (Worlter.A.sheuhart) 和戴明 (W. E.deards Deming) 就将统计分析技术运用于企业管理中, 他们使用一些统计方法来监控生产过程以改善产品的品质, 这些技术对当时美国产业界的发展产生了很大地促进作用。如今，先进的统计分析方法已成为现代企业定量管理的重要手段和工具。

产品性能或质量的变异可分为随机变异和非随机变异两种。若生产过程中只存在随机变异，则称为"统计上的稳定"；若存在非随机变异，则称为"生产过程不稳定"。若生产过程不稳定，则基于生产数据的计算和统计推断将毫无意义，由此做出的决策和判断也会出现失误。发现检验生产过程不稳定的统计监控方法主要有：

(1) 绘制直方图。直方图可显示生产过程中产品某项指标的分布特征是否符合要求，该监控工具可反映出生产过程中较严重的偏差。

(2) 计算检验指标的均值、标准差或置信区间。

(3) 绘制产品质量控制图。控制图是一种由中心线和控制上、下限构成的统计图形，主要用于分析和判断生产工序是否处于稳定状态，是否只存在随机变异，或是存在非随机变异，处于统计控制之外。图4.1.8显示的是控制图的一般格式。

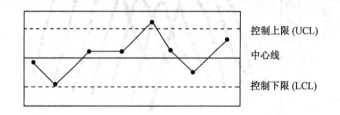

图 4.1.8　控制图

控制图的中心线和控制上、下限是根据生产过程中测量指标值的实际变动情况确定的，而不是期望值，所以控制图本身只能反映生产过程是否稳定，即是否处于统计控制之内。通过长期经验总结出判断生产过程不稳定的几个基本标准为：

(1) 任意一个点落在控制上、下限之外。

(2) 连八法则，连续 8 个点全部位于中心线的一侧。

(3) 从图形上直观判断不是随机形态，而是具有某种趋势或周期变动等。

控制图中较常用的是均值控制图 ($\overline{X}$)、变异数控制图（分极差控制图（R）和标准差控制图（S））以及属性控制图（P）等。在 SPSS 软件中，Graphs 菜单中的 Control 子过程可制作上述几种控制图。以下以 P 图为例介绍其用法。

例 4.1.3　某农科所新培育出一种作物的新品种，为检验该品种种子的发芽率，该农科所挑选 22 块大小、地力基本相同的土壤样方，每块样方播种 100 粒，一定时期后，观察其发芽情况，记录每块样方中不发芽的种子粒数分别为：4，2，2，1，3，9，6，3，1，4，4，1，3，0，0，2，5，6，5，3，7，8。试判断该新品种的种子发芽率是否在统计控制内。

分析：该题是关于品质属性的问题，可通过绘制属性控制图（P 图）来分析。

实验步骤：

(1) 建立数据文件，定义变量 test 和 freq，test 代表试验样方序号，freq 代表不发芽种子的粒数，输入数据。

(2) 选择 Graphs→Control，打开控制图主对话框。

1）单击（p, np）控制图图标，此时数据组织方式（Data Organization）应选择Cases are Subgroups。

2）在（p, np）图子对话框中（见图4.1.9），将变量 test 作为分组变量选入 Subgroups Labeled by 一栏中，并在 Constant□框中填入子样样本单位数 100，将变量 freq 选入 Number of Nonconforming 一栏中。

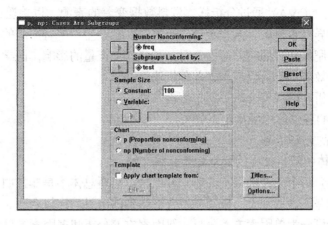

图4.1.9　（p, np）控制图对话框

（3）其他选项均采用默认值，单击 OK 键，生成 P 图，见图4.1.10。

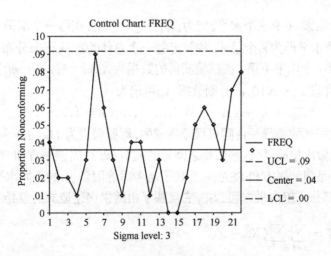

图4.1.10

结果分析：图4.1.10 显示出 P 图的中心线为 $\overline{P}=0.04$，即这批种子的平均发芽率为 $1-\overline{P}=96\%$；不发芽率的控制上、下限分别为：UCL＝0.09，LCL＝0.00。图中所有点都落在控制上、下限之内，即没有异常点；而且没有连续 8 点位于中心线的一侧，表明该品种的种子发芽率在统计控制之内，其发芽率基本是稳定的。

以上结合实例简要介绍了几类常用的统计分析图形，还有其他一些常用的统计图形，将在讲述其他统计分析方法时介绍。

第二节 方差分析

在科学实验中常常要探讨不同实验条件或处理方法对实验结果的影响，判断哪些因素对试验指标的影响是显著的，哪些是可以忽略的。方差分析是解决这一问题的有效方法。方差分析（ANOVA）通过分析样本资料数据变差的来源，以检验两个或两个以上总体的均值间差异是否显著。这一统计分析方法在农业生产中有广泛的应用，例如，农业中研究土壤、肥料和日照时间等因素对某种农作物产量的影响，医学上研究几种药物对某种疾病的疗效等，都可以应用方差分析法解决。

进行方差分析一般应符合以下三个假设条件：

(1) 被检验的各总体均服从正态分布。

(2) 各总体的方差相等。

(3) 每个总体中随机抽出的样本是相互独立的。

第 (1)、(2) 两个条件的限制并非十分严格。只要总体不是非常明显的非正态分布或各总体方差相差不是特别大，应用方差分析得到的结果就比较合理。方差分析按所考虑的因素的多少可分为单因素方差分析、双因素方差分析和多因素方差分析，以下结合实例逐一进行介绍。

一、单因素方差分析

设所考虑的因素 A 有 r 个水平，记为：$A_1, A_2, \cdots, A_r$，在每一个水平下考察的指标看成一个总体，r 个水平即为 r 个总体，并假定每一个总体均服从正态分布 $N(\mu_j, \sigma^2)(j = 1, 2, \cdots, r)$，在第 j 个水平下第 i 次试验获得的数据为 $X_{ij}(i = 1, 2, \cdots, m_j)$，$\varepsilon_{ij}$ 为每一次数据的随机误差，并设 $\varepsilon_{ij} \sim N(0, \sigma^2)$，则数据 X_{ij} 可记为

$$X_{ij} = \mu_j + \varepsilon_{ij}, \quad i = 1, 2, \cdots, m_j; j = 1, 2, \cdots, r$$

假设各水平下数据间的差异是由随机误差造成的，则原假设为 $H_0: \mu_1 = \mu_2 = \cdots = \mu_r$。

为对该假设做出检验，将这些数据之间总的差异(即总离差平方和 SST)分解成两部分之和。一部分是组间平方和 SSA，它反映了所考虑的因素 A 的不同水平或不同处理造成的差异；另一部分是组内平方和 SSE，它反映了由随机误差造成的差异，即

$$SST = \sum_{j=1}^{r} \sum_{i=1}^{m_j} (X_{ij} - \bar{X})^2$$

$$= \sum_{j=1}^{r} \sum_{i=1}^{m_j} (X_{ij} - \bar{X}_{\cdot j})^2 + \sum_{j=1}^{r} \sum_{i=1}^{m_j} (\bar{X}_{\cdot j} - \bar{X})^2 = SSE + SSA$$

其中 $\bar{X} = \dfrac{1}{rm_j} \sum_{j=1}^{r} \sum_{i=1}^{m_j} X_{ij}, \quad \bar{X}_{\cdot j} = \dfrac{1}{m_j} \sum_{i=1}^{m_j} X_{ij}$。

构造统计量 $F = \dfrac{SSA/f_{组间}}{SSE/f_{组内}}$ ($f_{组间}, f_{组内}$ 分别表示组间平方和及组内平方和的自由度)用于检验因素 A 的各个水平的均值之间是否存在显著差异。对于给定的显著性水平 α，当 $F > F_\alpha(r-1, n-r)$ 时，拒绝 H_0，认为 A 的各水平之间差异显著；否则接受 H_0。

单因素方差分析还可以进行各水平间均值的多重比较。SPSS 统计软件中，单因素方

差分析运用 Compare Mean 过程中的 One-way ANOVA 子过程来完成。

例 4.2.1 饲料配比试验中,用四种饲料喂养仔猪,19 头初始体重基本相同的仔猪分成五组,每组用一种饲料喂养,一段时间后称重,仔猪体重增加数据见表 4.2.1。比较四种饲料对仔猪体重增长的作用是否有显著差异。

表 4.2.1　不同饲料仔猪增重数据　　　　　　　　　　　　　　单位:kg

饲料＼重复	1	2	3	4	5
A_1	9	11	8	7	11
A_2	8	11	9	7	8
A_3	9	11	6	8	11
A_4	11	17	10	13	

分析:该题中,只考虑了饲料一个因素,四种不同的饲料即四个不同的水平,每个水平下重复试验的次数不完全相同,属于单因素不等重复方差分析问题。

实验步骤:

(1) 建立数据文件,定义变量 weight 和 group,分别表示增重和组别。

(2) 选择菜单 Analyze→Compare Means→One-way ANOVA,打开 One way ANOVA 主对话框。

1) 将变量 weight 选入因变量 Dependent list 一栏中,将 group 变量选入 Factor 栏中;

2) 单击 Past Hoca 键,在假定方差齐性条件下,选择 LSD 均值多重比较方法,该方法用 T 检验完成各组均值间的两两比较;

3) 单击 Options 键,在输出显示子对话框中,选择 Descriptive 功能键,要求显示各项描述统计量;

(3) 其他选项均采用默认值,单击 OK 键,主要分析结果如表 4.2.2 和表 4.2.3 所示。

表 4.2.2　ANOVA 单因素方差分析表

	Sum of Squares	df	Mean Square	F	Sig.
Between Groups	46.934	3	15.645	3.413	.045
Within Groups	68.750	15	4.583		
Total	115.684	18			

结果分析:

(1) 表 4.2.2 显示组间平方和 SSA = 46.934,组内平方和 SSE = 68.75,总的离差平方和 SST = 115.684。检验统计量 F = 3.413,F 检验概率为 0.045 < 0.05,故在显著性水平 α = 0.05 下拒绝原假设,即认为不同饲料喂养的仔猪增重数量之间有显著差异。

(2) 表 4.2.3 是均值多重比较结果。采用 T 检验进行各水平均值的两两比较,结果显示第 4 种饲料与第 1 种、第 2 种及第 3 种饲料的仔猪增重均值之间都有显著差异(表中用 * 表示),是这 4 种饲料中最好的一种。

表 4.2.3 **Multiple Comparisons**(均值多重比较 LSD) 因变量：WEIGHT

(I) GROUP	(J) GROUP	Mean Difference (I-J)	Std. Error	Sig.	95% Confidence Interval	
					Lower Bound	Upper Bound
1	2	.6000	1.3540	.664	− 2.2860	3.4860
	3	.2000	1.3540	.885	− 2.6860	3.0860
	4	− 3.5500 *	1.4361	.026	− 6.6111	− .4889
2	1	− .6000	1.3540	.664	− 3.4860	2.2860
	3	− .4000	1.3540	.772	− 3.2860	2.4860
	4	− 4.1500 *	1.4361	.011	− 7.2111	− 1.0889
3	1	− .2000	1.3540	.885	− 3.0860	2.6860
	2	.4000	1.3540	.772	− 2.4860	3.2860
	4	− 3.7500 *	1.4361	.020	− 6.8111	− .6889
4	1	3.5500 *	1.4361	.026	.4889	6.6111
	2	4.1500 *	1.4361	.011	1.0889	7.2111
	3	3.7500 *	1.4361	.020	.6889	6.8111

* The mean difference is significant at the .05 level.

二、双因素无交互作用方差分析

在上一例中，我们只考虑了一个影响试验指标的主要因素，但更多的情况是同一指标受到多种因素综合影响，如影响某种作物产量的因素有品种、肥料和水分等，人们希望能判断出哪些因素的影响作用是显著的，哪些因素的影响作用是不显著的。有时人们还需要考虑某些因素之间是否有交互作用，例如，肥料和水分两个因素不同水平的搭配是否会对作物产量产生显著影响，这些都是多因素方差分析问题。多因素方差分析问题较复杂，在这里，我们先介绍双因素无交互作用方差分析，即只考虑两个因素的主效应，不考虑因素间的交互效应，比如假设肥料和水分两个因素的不同水平的搭配不会对产量产生影响。两个因素不同水平的一组搭配表示一种确定的试验条件，称为一个"处理"。在每种处理下只做一次试验，得到双因素无交互作用方差分析试验数据。单变量双因素无交互作用方差分析问题，可以调用 SPSS 中 GLM（General Linear Model）过程来完成。

例 4.2.2 某公司需采购大量的化纤织品，本地现有四个生产厂家，每家均有甲、乙、丙、丁四种类型的化纤织品，该公司质检部对每个厂家的每种样品进行抽样试验，测得其质量指标数据见表 4.2.4，试分析各类化纤织品及各生产厂家各产品质量有无显著差异。

分析：该题只考虑厂家和化纤品种两个主要因素对产品质量这一指标的影响，属于单变量双因素无交互作用方差分析问题。

先提出假设，H_{01}：假设各厂家产品的质量无显著差异；H_{02}：各类型化纤织品的质量也无显著差异。

实验步骤：

（1）建立数据文件，定义三个变量，包括质量指标 X、厂家和品种，分别表示产品质量指标、各生产厂家及化纤织品类型，并按顺序输入表 4.2.4 中数据。

（2）选择菜单 Analyze→General Linear Model→Univariate，打开 Univariate 对话框，

见图 4.2.1。

表 4.2.4　各厂家四种化纤织品质量指标

厂家 \ 化纤品种	B_1	B_2	B_3	B_4
A_1	40	41	46	34
A_2	28	37	42	22
A_3	31	40	45	25
A_4	46	47	52	40

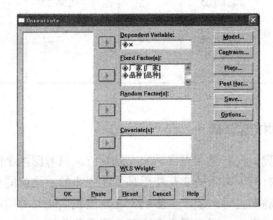

图 4.2.1　双因素方差分析对话框

1) 点击变量 X，将其选入因变量 Dependent Variable 一栏中，并将变量"厂家"、"品种"同时选入 Fixed Factor(s) 栏中，表示同时考虑两个因素；

2) 打开 Model 子对话框（见图 4.2.2），该题只考虑两个因素的主效应，因此选择自定义模型 Custom model，将厂家(F)、品种(F)两个因素选入 Factors & Covariates 栏中，并在 Build Term(s) 下拉选项中选择主效应 Main effects。

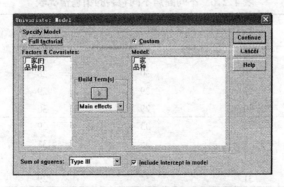

图 4.2.2　双因素方差分析模型对话框

(3) 其他选项均采用默认值，单击 OK 键，得出的主要分析结果如表 4.2.5 所示。

结果分析：

由表 4.2.5 可知，因素 A 的效应平方和 $SSA = 451.00$，$F_A = 21.141$，F 检验概率值 $P = 0.000$，拒绝原假设 H_{01}，即认为各厂家的产品质量有极显著差异；因素 B 效应平方和 $SSB = 563.00$，$F_B = 26.391$，$P = 0.000$，拒绝原假设 H_{02}，即认为各类型化纤织品的质量有极显著差异。

表 4.2.5　Tests of Between-Subjects Effects（各因素主效应检验）

Source	Type Ⅲ Sum of Squares	df	Mean Square	F	Sig.
Corrected Model	1014.000	6	169.000	23.766	.000
Intercept	23716.000	1	23716.000	3335.063	.000
厂家	451.000	3	150.333	21.141	.000
品种	563.000	3	187.667	26.391	.000
Error	64.000	9	7.111		
Total	24794.000	16			
Corrected Total	1078.000	15			

三、双因素有交互作用方差分析

在例 4.2.2 中，我们没有考虑因素间的交互效应，只考虑两个因素各自的主效应对试验指标的影响，但有时因素间的交互作用是不能忽略的，比如同一施肥水平，与不同的水分条件相搭配，确实会对产量产生影响。在这里我们同时考虑两个因素及因素间的交互效应对试验指标的影响，即双因素有交互作用方差分析。

例 4.2.3　产品制造企业欲研究不同的包装和不同类型的销售商店对某新产品销量的影响。选取了三类商店：副食品店、食品店、超市（分别用 A_1，A_2，A_3 表示）。产品采用四种不同的包装（分别用 B_1，B_2，B_3，B_4 表示），但价格和数量相同，其他因素可以认为大致相同。一个星期后调查销售额见表 4.2.6。试分析不同的包装和商店类型对该产品销售是否有显著影响。

表 4.2.6　不同商店不同包装的销售情况表　　　　　　　　单位：百元

商店 ＼ 包装	B_1	B_2	B_3	B_4
A_1	29	30	29	29
	29	30	28	30
	29	29	29	30
	30	29	30	31
A_2	32	33	29	32
	31	35	31	32
	31	34	29	32
	31	34	29	31
A_3	31	35	30	33
	31	35	30	32
	33	36	29	32
	32	36	30	31

分析:该题属于单变量双因素有交互作用的方差分析问题,应该同时考虑两个因素(商店和包装)的主效应和两个因素的交互效应。

提出原假设,H_{01}:假设因素 A 对产品销售额无显著影响;H_{02}:假设因素 B 对产品销售额无显著影响;H_{03}:假设因素 A 与因素 B 交互作用对产品销售额无显著影响。

实验步骤:

(1) 建立数据文件,定义变量 X、A 和 B,分别表示销售额、不同类型的商店和不同包装。

(2) 选择菜单 Analyze→General Linear Model→Univariate,打开 Univariate 主对话框。

1) 将变量 X 选入因变量 Dependent Variable 一栏中,并将 A 和 B 选入 Fixed Factor(s) 栏中;

2) 点击 Model,选择全因素模型 Full factorial;

3) 点击 options,打开选择输出项对话框(见图 4.2.3),同时将 A、B 和 $A*B$ 选入 Display Means for 一栏中,并选择输出项 Descriptive statistics, Estimate of effect size;

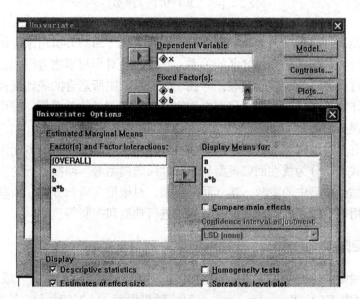

图 4.2.3　双因素有交互作用方差分析模型对话框

4) 其他选项采用默认值,点击 OK 键,得出的主要分析结果见表 4.2.7。

结果分析:

(1) 表 4.2.7 显示,因素 A:SSA $= 66.542$,$F_A = 58.427$,F 检验概率值 $P = 0.000$,拒绝无效原假设 H_{01},认为因素 A 效应极显著,即不同类型的商店对产品的销售有极显著影响;因素 B:SSB $= 75.333$,$F_B = 44.098$,$P = 0.000$,拒绝无效假设 H_{02},可认为因素 B 效应极显著,即不同包装对产品的销售也有极显著影响;因素 A、B 的交互效应 $A*B$:$F_{A*B} = 8.573$,$P = 0.000$,即交互效应 $A*B$ 也极显著,说明不同类型商店与不同包装两因素的不同组合对产品销售有极显著影响。

(2) 表 4.2.7 还显示,根据各效应 **Eta** 平方和的大小,可判断出各效应对总变异的贡献大小依次是:因素 B>因素 A>因素 $A*B$。

表 4.2.7 Tests of Between-Subjects Effects(各因素效应检验)

Source	Type Ⅲ Sum of Squares	df	Mean Square	F	Sig.	Eta Squared
Corrected Model	171.167	11	15.561	27.326	.000	.893
Intercept	46376.333	1	46376.333	81441.366	.000	1.000
A	66.542	2	33.271	58.427	.000	.764
B	75.333	3	25.111	44.098	.000	.786
A * B	29.292	6	4.882	8.573	.000	.588
Error	20.500	36	.569			
Total	46568.000	48				

* a R Squared = .893 (Adjusted R Squared = .860.)

第三节 回归分析

回归分析是统计学最经典的技术和方法。通常情况下回归分析用来分析某些可控变量和一个作为因变量的随机变量之间的关系，它建立在对客观事物进行大量试验和观察的基础上，通过建立适当的数学模型，寻找不确定现象中所隐含的统计规律性，比如我们研究青少年体重和年龄的关系，研究农作物产量与施肥量的关系等，都可以利用回归分析技术得到很好的反映。

回归模型有多种形式，按自变量的个数可以分为一元回归模型和多元回归模型，按回归方程的形式可以分为线性回归模型和非线性回归模型等。回归分析的主要任务就是根据样本数据估计模型中的参数，建立回归模型，对模型（回归方程）和参数进行显著性检验，并利用已通过显著性检验的回归方程进行预测和控制等。

一、一元线性回归

一元线性回归是研究两个变量之间线性关系的方法，其数学模型的一般形式为 $Y = \beta_0 + \beta_1 x + \varepsilon$，其中 $E(Y|X=x) = y = \beta_0 + \beta_1 x$，随机误差 $\varepsilon \sim N(0, \sigma^2)$。这里，$x$ 作为一般变量，y 是因变量。β_0、β_1 称为回归方程的回归系数。设 (x_1, y_1)，(x_2, y_2)，$\cdots$，(x_n, y_n) 是 n 次独立试验所得的样本观测值，如果能根据这 n 组观测值，求出回归系数 β_0、β_1 的估计值，我们就可以得到因变量 y 关于 x 的回归方程。一般采用最小二乘法来求 β_0 和 β_1 的估计量 $\hat{\beta}_0$ 和 $\hat{\beta}_1$。

当我们用数据 $(x_i, y_i)(i = 1, 2, \cdots, n)$ 来估计线性回归方程 $y = \beta_0 + \beta_1 x$ 中的回归系数时，得到的回归直线 $y = \hat{\beta}_0 + \hat{\beta}_1 x$ 应该使这 n 个点与该直线的距离达到最小。由德国数学家高斯在 1799~1809 年间发展起来的最小二乘法以 n 个点的因变量观测值 y_i 与回归方程预测值 $\hat{y}_i = \hat{\beta}_0 + \hat{\beta}_1 x_i (i = 1, 2, \cdots, n)$ 之间的差的平方和作为"偏离程度"的度量，即考虑 $Q = \sum_{i=1}^{n} [y_i - (\hat{\beta}_0 + \hat{\beta}_1 x_i)]^2$，求 β_0、β_1 的估计值，使 Q 达到最小。这里，Q 称为总的离差平方和。

求 β_0、β_1 的估计值 $\hat{\beta}_0$、$\hat{\beta}_1$ 使 Q 达到最小,这是一个求极值问题,根据微积分中求极值的原理,$\hat{\beta}_0$、$\hat{\beta}_1$ 应满足下列方程组:

$$\begin{cases} \dfrac{\partial Q}{\partial \hat{\beta}_0} = -2\sum_{i=1}^{n}\left[y_i - (\hat{\beta}_0 + \hat{\beta}_1 x_i)\right] = 0 \\[2mm] \dfrac{\partial Q}{\partial \hat{\beta}_1} = -2\sum_{i=1}^{n}\left[y_i - (\hat{\beta}_0 + \hat{\beta}_1 x_i)\right]x_i = 0 \end{cases}$$

由方程组解出 $\hat{\beta}_0$、$\hat{\beta}_1$ 就是 β_0、β_1 的最小二乘估计量。使用 SPSS 中回归分析过程可以很方便地计算出回归系数的最小二乘估计。

一元线性回归是最简单、最基本的回归模型,其基本分析过程是:

(1) 根据 n 组样本观测数据 $(x_i, y_i)(i = 1, 2, \cdots, n)$ 绘制散点图,观察散点图的走势。

(2) 若样本点 $(x_i, y_i)(i = 1, 2, \cdots, n)$ 大致都落在一条直线附近,则说明可以用线性回归方程描述 y 与 x 之间的关系。设回归方程为 $y = \beta_0 + \beta_1 x + \varepsilon$,误差 $\varepsilon \sim N(0, \sigma^2)$,并用最小二乘法求出参数 β_0、β_1 的估计值 $\hat{\beta}_0$ 和 $\hat{\beta}_1$。

(3) 对回归方程 $y = \hat{\beta}_0 + \hat{\beta}_1 x$ 进行显著性检验。

例 4.3.1   测得 22 个土样的全氮量 y 与有机质含量 x 的数据如下,试建立全氮量 y 关于有机质含量 x 的线性回归方程,并进行检验。

表 4.3.1   土壤有机质与全氮量数据

土壤号	有机质(%)x	全氮量(%)y	土壤号	有机质(%)x	全氮量(%)y
1	1.336	0.0965	12	1.254	0.0899
2	0.761	0.0657	13	1.120	0.0815
3	1.203	0.0901	14	1.158	0.0829
4	1.151	0.0865	15	1.105	0.0861
5	1.128	0.0817	16	1.042	0.0728
6	1.112	0.0838	17	1.173	0.0830
7	1.185	0.0801	18	1.107	0.0773
8	1.060	0.0767	19	1.103	0.0773
9	1.039	0.0731	20	1.227	0.0838
10	1.142	0.0767	21	1.270	0.0885
11	1.558	0.1018	22	1.245	0.0885

分析:要建立 y 关于 x 的一元线性回归方程 $y = \beta_0 + \beta_1 x$,可利用 SPSS 中所提供的回归分析过程 Regression 来完成。

实验步骤:

(1) 建立数据文件,定义变量 x 和 y 分别表示有机质(%)和全氮量(%)。

(2) 绘制散点图,选择菜单 Graphs→Scatter,在 Scatter plot 对话框中,选择 Simple 图形,以变量 y 为纵坐标,x 为横坐标,生成散点图,可直观看出变量 x 和 y 之间存在明显的线性相关关系(图略)。

(3) 选择菜单 Analyze→Regression→Linear,以 y 作为因变量(dependent),x 作为自变量(Independent),其他选项采用默认值,得分析结果如表 4.3.2 和表 4.3.3 所示。

表 4.3.2　ANOVA(b) 方差分析表

	Model	Sum of Squares	df	Mean Square	F	Sig.
1	Regression	1.149E-03	1	1.149E-03	101.360	.000(a)
	Residual	2.266E-04	20	1.133E-05		
	Total	1.375E-03	21			

*a Predictors：(Constant), 有机质 X.

*b Dependent Variable：全氮量 Y.

表 4.3.3　Coefficients(a) 参数估计

	model	Unstandardized Coefficients		Standardized Coefficients	t	Sig.
		B	Std. Error	Beta		
1	(Constant)	2.353E-02	.006		3.960	.001
	有机质 X	5.128E-02	.005	.914	10.068	.000

*a Dependent Variable：全氮量 Y.

结果分析：

(1) 表 4.3.2 的方差分析表表明, 回归平方和 SSR(Regression-Sum of Square) = 1.149E-03, 残差平方和 SSE(Error-Sum of Square Residual-Sum of Square) = 2.266E-04, 检验统计量 $F = 101.360$, 检验概率 $P = 0.00$。拒绝原假设 $H_0: \beta_1 = 0$, 认为变量 x 和 y 之间具有极显著线性关系。

(2) 表 4.3.3 给出了参数估计值及参数 T 检验结果, 可得出回归方程为 $\hat{y} = 0.02353 + 0.05128x$。由方程可知, 在该样土中, 当土壤的有机质含量(x)增长一个百分比时, 土壤中的全氮量(y)约增长 0.05 个百分比。

二、多元线性回归

多元线性回归的原理和主要分析过程与一元线性回归基本相同, 只是自变量的个数多于一个。在确定最佳模型时应考虑以下几个方面：

(1) 最佳多元回归方程应具有显著性。

(2) 最佳多元回归方程与其他回归方程相比, 应包含较少的自变量。

(3) 在自变量个数不变的条件下, 决定系数 R^2 值最大, 即增加自变量, 不会增加 R^2 的值。

(4) 每一个回归系数均应该显著或几乎显著。

一个好的回归模型, 并不是包含的自变量越多越好, 选择自变量的基本指导思想是"少而精", 在建立实际问题的回归模型时, 我们应尽可能剔除那些可有可无的自变量。在 SPSS 的回归分析过程中, 自变量的选择方法常用的有"向前引入法(For ward)"、"向后剔除法(Back ward)"以及"逐步回归法(Stepwise)"等。在这里, 仅举一个选择全部自变量的多元线性回归的例子。

例 4.3.2　某地区的二化螟的第一代成虫发生量 y 与 4 个因素有关, 这些因素分别为：x_1：冬季积雪期限(单位：周), x_2：每年化雪日期(以 2 月 1 日为 1), x_3：2 月份平均气温(℃), x_4：3 月份平均气温(℃)。观察数据如表 4.3.4 所示, 试建立 y 关于 x_1, x_2, x_3,

x_4 的线性回归方程,并对回归方程和回归系数进行显著性检验。

实验步骤:

(1) 建立数据文件,按表 4.3.4 定义变量 y 和 x_1, x_2, x_3, x_4,并输入数据。

(2) 选择菜单 Analyze→Regression→Linear,在线性回归主对话框中将变量 y 选入因变量 Dependent 栏中,将变量 x_1, x_2, x_3, x_4 选入自变量 Independent 栏中。

(3) 点击 Method,选择变量分析方法。SPSS 提供了七种选择自变量的方法,在这里选择 Enter,表示自变量将全部引入方程。

(4) 其他选项采用默认值,系统输出的主要结果如表 4.3.5 和表 4.3.6 所示。

表 4.3.4　二化螟成虫发生量与有关因素数据

序号	y	x_1	x_2	x_3	x_4
1	9	10	26	0.2	3.6
2	17	12	26	-1.4	4.4
3	34	14	40	-0.8	1.7
4	42	16	32	0.2	1.4
5	40	19	51	-1.4	0.9
6	27	16	33	0.2	2.1
7	4	7	26	2.7	2.7
8	27	7	25	1.0	4.0
9	13	12	17	2.2	3.7
10	56	11	24	-0.8	3.0
11	15	12	16	-0.5	4.9
12	8	7	16	2.0	4.1
13	20	11	15	1.1	4.7

表 4.3.5　ANOVA(b)(方差分析表)

	Model	Sum of Squares	df	Mean Square	F	Sig.
1	Regression	1993.171	4	498.293	4.546	.033(a)
	Residual	876.829	8	109.604		
	Total	2870.000	12			

* a Predictors:(Constant), X4, X3, X1, X2.

* b Dependent Variable:Y.

表 4.3.6　Coefficients(a)(参数估计)

	Model	Unstandardized Coefficients		Standardized Coefficients	t	Sig.
		B	Std. Error	Beta		
1	(Constant)	138.071	50.554		2.731	.026
	X1	-1.009	1.425	$-.242$	$-.708$	.499
	X2	-1.658	.829	-1.119	-2.000	.081
	X3	-11.189	3.880	$-.984$	-2.883	.020
	X4	-16.979	6.422	-1.442	-2.644	.030

* a Dependent Variable:Y.

结果分析：

(1) 表 4.3.5 显示，回归平方和 SSR = 1993.171，残差平方和 SSE = 876.829，检验统计量 $F = 4.546$，检验概率 $P = 0.033$。即在 $\alpha = 0.05$ 显著性水平下拒绝原假设 $H_0 : \beta_1 = 0$，认为变量 y 和 x_1, x_2, x_3, x_4 四个因素之间具有显著的线性关系。

(2) 表 4.3.6 给出多元线性回归方程为

$$\hat{y} = 138.071 - 1.009 x_1 - 1.658 x_2 - 11.189 x_3 - 16.979 x_4$$

方程中各项系数均为负值，说明这四个影响因素的值越高，二化螟的第一代成虫发生量就越低。对回归系数显著性的 T 检验表明，在显著性水平 $\alpha = 0.05$ 下，只有 x_3 和 x_4 的系数是显著的，即第一代成虫发生量主要受 2、3 月份平均气温（℃）的影响，可以将前两个因素删除，重新建立线性方程，步骤同上，此处略。

三、曲线回归

直线关系是两个变量之间最简单的数量关系，客观实际中变量之间更多的是呈现曲线关系，例如，作物的生长曲线、害虫的产卵数量与温度关系、施肥与产量的关系等等都是曲线关系，这时应采用非线性回归。非线性回归模型包括两种形式，一种是可线性化的，如双曲线模型、二次曲线模型、对数模型和指数模型等；另一种是不可线性化的，如逻辑斯谛（Logistic）曲线模型和龚柏兹曲线模型等。非线性回归主要分析过程与线性回归基本相同，只是估计参数时采用的方法不同，线性回归采用最小二乘法估计参数，而非线性回归采用迭代法求解参数。

SPSS 软件中曲线拟合过程（Curve Estimation）提供了 11 种可选择的曲线方程模型，根据需要直接在 Curve Estimation 对话框中选择适当的曲线，就可以得到相应的曲线方程。

实际应用中，对于两个变量之间的回归模型，一般可根据专业知识或以往经验来确定，也可以同时选择多种曲线模型建立回归方程，比较分析和检验的结果，从中选择较好的模型形式。在这里，仅举一个可直线化的曲线回归例子。

例 4.3.3 测定"金皇后"玉米在不同种植密度（x：千株/667m²）下，平均每株有效穗数（y：穗数/株），得到数据如下，试建立 y 关于 x 的回归方程。

x	1	2	3	4	5	6	8
y	1.174	1.020	0.945	0.907	0.825	0.793	0.698

分析：可以先绘制散点图，根据散点图的走势选择可能的曲线模型，结合专业知识和实际经验，选择恰当、合理的回归方程形式。

实验步骤：

(1) 绘制散点图。选择 Graphs→Scatter，打开散点图子对话框，以变量 y 为纵轴，变量 x 为横轴，生成散点图（图略）。

(2) 根据散点图的走势及专业知识，选择双曲线模型。因 SPSS 曲线回归中没有提供该曲线，可先将双曲线直线化，然后利用线性回归过程来求解。

1) 令：$y_1 = 1/y$，计算出相应的 y_1 的值；

2) 选择菜单 Analyze→Regression→liner，打开线性回归主对话框，选择以 y_1 作为因变量，x 作为自变量，其他选项均采用默认值，得出分析结果见表 4.3.7 和表 4.3.8。

表 4.3.7　ANOVA(b)

	Model	Sum of Squares	df	Mean Square	F	Sig.
1	Regression	.219	1	.219	470.944	.000(a)
	Residual	2.324E-03	5	4.647E-04		
	Total	.221	6			

*a Predictors: (Constant), x.

*b Dependent Variable: y1.

表 4.3.8　Coefficients(a)

Model	Unstandardized Coefficients		Standardized Coefficients	t	Sig.
	B	Std. Error	Beta		
1　(Constant)	.800	.017		46.566	.000
x	7.924E-02	.004	.995	21.701	.000

*a Dependent Variable: y1.

结果分析:

(1) 表 4.3.7 显示, 该回归方程显著性检验统计量 $F = 470.944$, 检验概率达到极显著水平。

(2) 据表 4.3.8 可得出回归方程为 $y_1 = 1/y = 0.8 + 0.07924x$, 即 $y = \dfrac{1}{0.8 + 0.07924x}$。上述模型参数的生物学意义是, 当 $x \to 0$ 时, $y = 1/0.8 = 1.25$ (穗/株), 即密度极稀, 株间无种群竞争时, 每株玉米可生产 1.25 个果穗; 在此基础上, 密度 x 提高到一个单位, 则每株玉米可生产的果穗降为 $\dfrac{1}{0.8 + 0.07924} \approx 1.137$。该分析结果可以指导人们根据玉米品种, 选择适当的种植密度。

第四节　聚类分析

在社会、经济、管理、工农业生产和地质勘探等众多研究领域都存在着大量的分类研究的问题。例如, 在经济研究中, 为了研究不同地区城镇居民的收入及消费状况, 往往需要划分成不同的类型进行比较分析; 在人口研究中, 需要对不同时期、不同地域的人口生育、死亡情况进行分类研究, 以便深入探索和了解人口生育、死亡规律等。

如果仅仅依靠经验和专业知识做定性分类处理, 将致使许多分类带有主观性和任意性, 不能很好地揭示客观事物内在的本质差别与联系, 特别是对于多因素、多指标的分类问题, 定性分类更难以做到准确和客观。聚类分析 (Cluster Analysis) 是定量研究分类问题的一种多元统计方法, 其基本思想是同一类中的个体有较大的相似性, 不同类中的个体差异较大。根据一批样品的多个指标, 构造出能够度量样品 (或变量) 之间相似度 (或"距离") 的统计量, 并以此为依据, 采用某种适当的聚类方法, 将相似 (或"距离"近) 的样品 (或变量) 聚合到一类中, 最终将所有样品 (或变量) 分为适当的几个类别。

聚类分析方法根据分类对象的不同，可分为样品聚类（Q型聚类）和变量聚类（R型聚类）两种。样品聚类是对样品数据进行分类处理，根据样品有关指标，将特征相似或"距离"较近的样品归为一类。变量聚类是以自变量为单位进行聚类，即将彼此相互关联、对试验指标的影响作用相似或相同的变量归为一类，这是一种选择主要变量的方法。例如，针对影响某一经济现象的众多因素，要在不丢失过多信息的条件下约简变量个数，找出彼此独立而又具有代表性的指标，就可以采用变量聚类方法。本节主要讨论样品聚类（Q型聚类）方法。

Q型聚类分析的方法有许多种，常用的有系统聚类法、动态聚类法和模糊聚类法等，本节讨论前两种。

一、系统聚类法

系统聚类法（hierarchical clustering methods）是聚类方法中使用最为频繁的一种，属于Q型聚类。其主要思想是：首先将所有样品各自当作一类，并规定样品之间的距离和类与类之间的距离的算法，然后将距离最近的两类合并成一个新类，计算新类与其他类的距离，重复进行两个距离最近类的合并操作，直到把所有样品合并成一个大类为止，整个逐步合并的过程可画成一张树状图，称为聚类谱系图。

系统聚类法的主要分析步骤如下：

（1）选择分析变量，进行必要的数据标准化，以消除各变量间由于量纲不同或数量级单位不同导致计算结果出现较大偏差。

（2）选择距离或相似系数计算公式，计算所有样品两两之间的距离或相似系数，生成距离矩阵或相似阵。

（3）选择类与类之间的距离计算方法，将距离最近的两个类（样品）合并成一类。常用的类间距离计算方法有最短距离法、最长距离法、重心法和类平均法等。

（4）逐步合并距离最近的类，直到所有样品归为一类为止。

（5）输出聚类结果和聚类谱系图，并根据研究对象的背景知识等进一步分析，得出最终分类结果。

在SPSS软件中所提供的系统聚类计算类间距离的方法如表4.4.1所示。

表 4.4.1 SPSS 系统聚类计算方法

名称	含义	计算方法
Between-groups linkage	组间距离法	合并类以后，使组间距离最小
Within-groups linkage	组内距离法	合并类后，使组内距离最小
Nearest-neighbor	最短距离法	以两类中样品间最短距离为类距离
Furthest-neighbor	最远距离法	以两类中样品间最长距离为类距离
Centroid clustering	重心法	以两类中样品均值计算类距离
Maiden clustering	中间距离法	以两类中样本间距离的中间值为类距离
Ward's method	离差平方和法	以不同类内离差平方和为距离

其中，以 ward 法最为常用，它把方差分析的思想用于分类上，同类样本的离差平方和

小,而类间的离差平方和大。以下举一应用 SPSS 中 ward 系统聚类的例子。

例 4.4.1 为了研究全国各地区农民家庭收支的分布情况,共抽取了 28 个省、市和自治区,调查得到农民生活消费支出的 6 项有关指标的数据资料(见表 4.4.2)。试用表中数据资料进行聚类分析,确定各地区农民消费支出类型。

分析:对于该 Q 型聚类问题,本例中采用离差平方和法聚类。实际应用中可同时采用多种常用的聚类方法进行系统聚类分析,结合实际情况,选择最合适的分类结果。

表 4.4.2　28 个省、市、自治区农民生活消费支出抽样调查资料　单位:元/月

	地区	食品支出 x_1	衣着支出 x_2	燃料支出 x_3	住房支出 x_4	其他支出 x_5	文化生活 x_6
1	北京	190.33	43.77	9.73	60.54	49.01	9.04
2	天津	135.20	36.40	10.47	44.16	36.49	3.94
3	河北	95.21	22.83	9.30	22.44	22.81	2.80
4	山西	104.78	25.11	6.46	9.89	18.17	3.25
5	内蒙	128.41	27.63	8.94	12.58	23.99	3.27
6	辽宁	145.67	32.83	17.79	27.29	39.09	3.47
7	吉林	159.37	33.38	18.37	11.81	25.29	5.22
8	黑龙江	116.22	29.57	13.24	13.76	21.75	6.04
9	上海	221.11	38.64	12.53	115.65	50.82	5.89
10	江苏	144.98	29.12	11.67	42.60	27.30	5.74
11	浙江	169.92	32.75	12.72	47.12	34.35	5.00
12	安徽	153.11	23.09	15.62	23.54	18.18	6.39
13	福建	144.92	21.26	16.96	19.52	21.75	6.73
14	江西	140.54	21.59	17.64	19.19	15.97	4.94
15	山东	115.84	30.76	12.20	33.61	33.77	3.85
16	河南	101.18	23.26	8.46	20.20	20.50	4.30
17	湖北	140.64	28.26	12.35	18.53	20.95	6.23
18	湖南	164.02	24.74	13.63	22.20	18.06	6.04
19	广东	182.25	20.52	18.32	42.40	36.97	11.68
20	广西	139.08	18.47	14.68	13.41	20.66	3.85
21	四川	137.80	20.74	11.07	17.40	16.49	4.39
22	贵州	121.67	21.53	12.58	14.49	12.18	4.57
23	云南	124.27	19.81	8.89	14.22	15.53	3.03
24	陕西	106.02	20.56	10.94	10.11	18.00	3.29
25	甘肃	95.65	16.82	5.70	6.03	12.36	4.49
26	青海	107.12	16.45	8.98	5.40	8.78	5.93
27	宁夏	113.74	24.11	6.46	9.61	22.92	2.53
28	新疆	123.24	38.00	13.72	4.64	17.77	5.75

实验步骤:

(1) 建立数据文件,定义字符型变量"地区"和数值型变量 x_1, x_2, $\cdots$, x_6,输入表 4.4.2 中数据。

(2) 选择下拉菜单 Analyze→Classify→Hierarchical Cluster,打开系统聚类(分层聚类)主对话框,将 6 个指标 x_1, x_2, $\cdots$, x_6 选入变量栏 Variable(s),将变量"地区"选入 Label

Cases By 一栏中,作为标识变量。

(3) 选择聚类方法。

1) 先选择数据标准化方法 Z-score,系统会自动对数据进行标准化;

2) 选择离差平方和法(Ward linkage)进行聚类,距离测度采用欧氏距离(Euclidean distance),其计算公式为 $d_{ij} = \sqrt{\sum_{k=1}^{p} (x_{ik} - x_{jk})^2}$;

3) 在 statistics 功能框中,选择显示聚类进度过程表 Agglomeration schedule 和距离矩阵 Proximally matrix,并要求只输出 3 类到 6 类的聚类解;

4) 选择输出聚类谱系图,在 plots 功能框中,选择树形图 Dendrogram。

(4) 其他均采用默认值,单击 OK 键,得出采用离差平方和法聚类的结果,见表 4.4.3 及图 4.4.1。

表 4.4.3 Cluster Membership(聚类解)

	Case	6 Clusters	5 Clusters	4 Clusters	3 Clusters
1	北京	1	1	1	1
2	天津	2	2	2	2
3	河北	3	3	3	3
4	山西	3	3	3	3
5	内蒙	3	3	3	3
6	辽宁	2	2	2	2
7	吉林	2	2	2	2
8	黑龙江	4	4	2	2
9	上海	1	1	1	1
10	江苏	2	2	2	2
11	浙江	2	2	2	2
12	安徽	5	4	2	2
13	福建	5	4	2	2
14	江西	5	4	2	2
15	山东	2	2	2	2
16	河南	3	3	3	3
17	湖北	4	4	2	2
18	湖南	5	4	2	2
19	广东	6	5	4	1
20	广西	5	4	2	2
21	四川	5	4	2	2
22	贵州	5	4	2	2
23	云南	3	3	3	3
24	陕西	3	3	3	3
25	甘肃	3	3	3	3
26	青海	3	3	3	3
27	宁夏	3	3	3	3
28	新疆	4	4	2	2

结果分析:

(1) 表 4.4.3 显示了采用离差平方和法进行聚类,将样品分别分为 3 类、4 类、5 类和

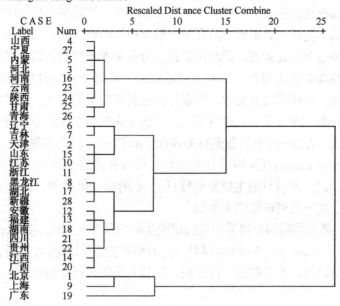

图 4.4.1　离差平方和法聚类谱系图

6 类时的聚类解。

(2) 图 4.4.1 为离差平方和法聚类谱系图,该图显示了聚类的过程。若将样本分为四类,则根据该聚类谱系图,聚类的结果如下:

第 Ⅰ 类:样品 6、7、2、15、10、11;

第 Ⅱ 类:样品 8、17、28、12、13、18、21、22、14、20;

第 Ⅲ 类:样品:4、27、5、3、16、23、24、25、26;

第 Ⅳ 类:样品 1、9、19。

对应样本标号所表示的省份,最终分类结果见表 4.4.4。

表 4.4.4　28 个省市、自治区农民生活消费水平分类结果

类　别	地　区
Ⅰ类较高消费水平	天津、辽宁、吉林、江苏、浙江、山东
Ⅱ类中等消费水平	黑龙江、湖北、新疆、安徽、福建、湖南、四川、贵州、江西、广西
Ⅲ类(低消费水平)	山西、宁夏、内蒙、河北、河南、云南、陕西、甘肃、青海
待判	广东、北京、上海

二、动态聚类法

动态聚类,也称逐步聚类或快速样本聚类,该方法源于数学中迭代算法,其基本思想是:开始按照一定方法选取一些凝聚点 (聚心),让样品向距离最近的凝聚点凝聚,形成比较粗糙的初始分类,然后按一定的原则修改不合理的分类,不断调整和改正这些类别的样品组成，直到结果比较合理为止。

凝聚点的选择是动态聚类的关键，在分类数已知、初始聚心已知的情况下，该方法取得的分类效果会更好。确定聚心的方法一般有根据经验估计、均值法和密度法等。比较新的一种方法是利用云雾图，即利用数据的分布密度来绘制初始分类图的一种方法。

动态聚类的动态性体现在：选取一些凝聚点，将每个样品分配到与它最近的"聚心"所代表的类，形成临时分类后，重新计算这些临时类的均值，代替初始"凝聚点"，并将样品重新分类。该过程一直进行下去，直到分成的类中样品不再有变化或达到规定的限制条件为止。在 SPSS 中动态聚类由 K-Means Cluster 过程实现。

使用 K-Means Cluster（K均值分类法）过程对样品进行聚类，要求研究者指定聚类数目 K（$K \geqslant 2$），而且只能生成聚类数目为 K 的单一聚类解，而分层聚类法可根据不同聚类数目生成一系列连续的聚类解。

例4.4.2 某人才招聘公司采用应骋研究生的学科专业知识测试总分（mark）和管理才能测试得分（manage，5分满分制）作为两项主要考核指标，欲将应骋人员共 86 人分为三类：录取组、不录取组、待定组。应骋人员测试得分如表 4.4.5 所示。

表4.4.5 应骋人员测试得分数据

No.	manage	mark	No.	manage	mark	No.	manage	mark
1	3.63	596	30	3.76	646	59	2.9	384
2	3.59	473	31	3.24	467	60	2.86	494
3	3.3	482	32	2.54	446	61	3.14	496
4	3.4	527	33	2.43	425	62	3.28	419
5	3.69	505	34	2.2	474	63	3.28	371
6	3.78	693	35	2.36	531	64	2.98	447
7	3.03	626	36	2.57	542	65	3.15	313
8	3.19	663	37	2.36	406	66	2.5	402
9	3.63	447	38	2.51	412	67	2.89	485
10	3.59	588	39	2.51	458	68	2.8	444
11	3.3	563	40	2.36	399	69	3.13	416
12	3.4	553	41	2.36	482	70	3.01	471
13	3.5	572	42	2.66	420	71	2.79	490
14	3.78	591	43	2.68	414	72	2.89	431
15	3.44	692	44	2.48	533	73	2.91	446
16	3.48	526	45	2.46	509	74	2.75	546
17	3.47	552	46	2.63	504	75	2.73	467
18	3.35	520	47	2.44	336	76	3.12	463
19	3.39	534	48	2.13	408	77	3.08	440
20	3.28	523	49	2.14	469	78	3.03	419
21	3.21	530	50	2.55	538	79	3	509
22	3.58	564	51	2.31	505	80	3.03	438
23	3.33	565	52	2.41	489	81	3.05	399
24	3.4	431	53	2.19	411	82	2.85	483
25	3.38	605	54	2.35	321	83	3.01	453
26	3.26	664	55	2.6	394	84	3.03	414
27	3.6	609	56	2.55	528	85	3.04	446
28	3.37	559	57	2.72	399	86	3.5	602
29	3.8	521	58	2.85	381			

分析:本例中已知聚类数目为 $K = 3$,可采用动态聚类方法。SPSS 的 K-Means Cluster 过程可以根据样本数据自动计算初始凝聚中心的值,也可以随机选择一部分样品,采用分层聚类方法进行聚类,取聚类数目为 3 的聚类解,计算每一类的均值作为初始凝聚点。本例中利用 K-Means Cluster 过程自动计算凝聚点。

实验步骤:

(1) 建立数据文件,定义字符型变量 No 表示应聘人员序号,数值型变量测试得分 manage 和 mark,输入数据。

(2) K-Means Cluster 过程不能进行数值的标准化,所以先调用 Descriptive 过程将数值标准化,产生的标准化数据分别对应于 Zmanage 和 Zmark 两列。

(3) 选择菜单 Analyze→Classify→K-Means Cluster,打开动态聚类对话框,见图 4.4.2。

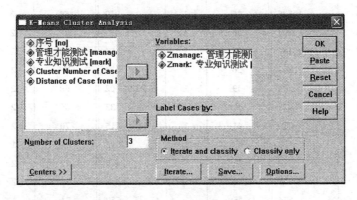

图 4.4.2　动态聚类对话框

1) 选择标准化数据变量 Zmanage 和 Zmark 作为分析变量,分类数为 3;

2) 在 Save 和 Options 功能框中,选择所有复选框,可以显示聚类解的所有统计分析数据。

(4) 其他选项采用默认值,点击 OK 键,得出的主要分析结果见表 4.4.6~表 4.4.8。

表 4.4.6　Initial Cluster Centers 初始聚心

	Cluster		
	1	2	3
Zmanage:管理才能测试	− 1.90212	1.41150	1.74286
Zmark:专业知识测试	− .99697	− .52071	2.48341

结果分析:

(1) 表 4.4.6 显示系统计算出的初始凝聚中心,若将标准化数值转化为原始数据,可看出第一组的管理才能测试成绩很低,而且专业知识测试得分也较低,为不录取组;第三组两项得分都较高,为录取组;第二组管理才能得分居中,表明具有一定的管理能力,但专业测试成绩偏差,为待定组。以上凝聚点的值较符合实际。

(2) 表 4.4.7 显示了 86 个样品的动态聚类解,以及样品与最终聚心位置的距离,86个样品中有 30 个组成第一类,为不录取组;29 个组成第二类,为待定组;27 个组成第 3类,为录取组。

表 4.4.7 **Cluster Membership**(聚类解)

Case Number	Cluster	Distance	Case Number	Cluster	Distance	Case Number	Cluster	Distance
1	3	.412	30	3	1.030	59	2	.798
2	2	1.185	31	2	.474	60	2	.825
3	2	.698	32	1	.182	61	2	.694
4	2	.675	33	1	.383	62	2	.501
5	3	1.056	34	1	.651	63	2	.947
6	3	1.536	35	1	.959	64	2	.247
7	3	1.102	36	1	1.079	65	2	1.558
8	3	1.168	37	1	.654	66	1	.653
9	2	1.207	38	1	.534	67	2	.698
10	3	.294	39	1	$8.287E-02$	68	2	.632
11	3	.422	40	1	.733	69	2	.310
12	3	.370	41	1	.415	70	2	.413
13	3	.138	42	1	.593	71	1	.814
14	3	.712	43	1	.677	72	2	.445
15	3	1.356	44	1	.949	73	2	.394
16	3	.674	45	1	.657	74	1	1.263
17	3	.355	46	1	.686	75	1	.580
18	3	.786	47	1	1.459	76	2	.290
19	3	.597	48	1	.957	77	2	$1.146E-02$
20	3	.816	49	1	.760	78	2	.285
21	3	.837	50	1	1.024	79	2	.863
22	3	.333	51	1	.709	80	2	.124
23	3	.353	52	1	.437	81	2	.508
24	2	.704	53	1	.831	82	2	.738
25	3	.344	54	1	1.663	83	2	.229
26	3	1.107	55	1	.797	84	2	.341
27	3	.457	56	1	.903	85	2	.123
28	3	.338	57	1	.874	86	3	.269
29	3	1.046	58	2	.889			

(3) 表 4.4.8 是方差分析表,对三个类别的两项测试得分(标准值)的均值之间是否有显著差异进行检验,变量 Zmanege 和 Zmark 的类间均方(Cluster Mean Square)均远远大于类内的误差平方均方(Error Mean Square),其 F 检验均达到极显著,说明各类的两项测试得分均值间有显著差异,分类效果较好。

表 4.4.8 ANOVA

	Cluster		Error		F	Sig.
	Mean Square	df	Mean Square	df		
Zmanage:管理才能测试	34.719	2	.187	83	185.170	.000
Zmark:专业知识测试	24.788	2	.427	83	58.078	.000

第五节 判别分析

在社会、经济以及工农业生产等领域的研究中，人们常常要对某一研究对象的归属或类别做出判断。例如，在经济学中，根据人均国民收入、人均消费水平、人均住房面积等多项指标来判定一个国家的经济发展程度所属类型；在农业生产中，需要根据土壤的肥力和湿度等指标对土地进行分级等，这些问题都可以应用多元统计分析中的判别分析（Discriminant Analysis）来解决。

判别分析是多元统计分析中用于判别样品所属类型的一种方法，它与聚类分析的相同之处在于把相似的事物归为一类，不同之处在于聚类分析事先不知道对象类别的面貌，也不确定究竟有几个类别，而判别分析是在已知对象的类别特征和类别数的情况下，根据样本数据推导出一个或一组判别函数，同时指定一种判别规则，用于确定待判样本的所属类别，使错判率最小。

判别分析按判别组数可分为两组判别和多组判别；按判别函数数学模型的不同可分为线性判别和非线性判别；按判别标准不同可分为距离判别、Fisher 判别和 Bayes 判别等。以下介绍最常用的 Fisher 判别法和 Bayes 判别法。

一、费歇尔（Fisher）判别法

费歇尔判别的基本思想是投影，通过将多维数据投影到某个方向上，使投影后各总体之间尽可能分开，而衡量各总体之间是否分得开的方法借助于方差分析的思想。下面以两个总体的情形为例，说明其建立判别函数的方法。

设有两个总体 G_1 和 G_2，其均值分别为 μ_1 和 μ_2，协方差矩阵分别为 Σ_1 和 Σ_2，并假定 $\Sigma_1 = \Sigma_2 = \Sigma$。考虑线性组合 $y = l'x$，通过求合适的向量 l，使得来自两个总体的数据间的距离大，而来自同一个总体的数据间的差异小。可以证明，当选 $l = c\Sigma^{-1}(\mu_1 - \mu_2)$（$c \neq 0$）时，所得的投影可满足要求。称 $c = 1$ 时的线性函数 $y = l'x = (\mu_1 - \mu_2)\Sigma^{-1}x$ 为费歇尔判别函数，函数值 y 称为 Fisher 判别分数或判别值(discriminant cores)。

根据判别分数 y，Fisher 判别规则为：当 $y \geqslant m$ 时，判样品 $x \in G_1$；当 $y < m$ 时，判样品 $x \in G_2$，其中 m 为两个总体均值在投影方面上的中点，即 $m = \dfrac{l'\mu_1 + l'\mu_2}{2}$。

当总体均值 μ_1、μ_2 或协方差矩阵 Σ 未知时，可根据从总体中抽出的样本进行估计。

Fisher 判别法的优势在于对各类别总体的分布、方差等没有什么限制，应用范围较广。但要求各总体的均值间有显著差异，如果各总体分布靠得很近，则错判概率会增大。

二、贝叶斯(Bayes)判别法

Fisher 判别方法计算简单,很实用,但也有缺点,其一是判别方法与各总体出现的概率大小完全无关;其二是判别方法与错判之后的损失无关。这显然不尽合理。贝叶斯判别法是考虑了这两个因素而提出的一种判别方法。

设有 m 个总体 G_1, G_2, $\cdots$, G_m,它们的分布密度函数分别为 $f_1(x)$, $f_2(x)$, $\cdots$, $f_m(x)$ (在离散情形是概率分布函数),并假定已知这 m 个总体各自的先验概率分别为 q_1, q_2, $\cdots$, q_m。对于待判样品 x,可用著名的 Bayes 公式计算它来自第 g 个总体的后验概率 $p(g|x) = \dfrac{q_g f_g(x)}{\sum\limits_{i=1}^{m} q_i f_i(x)}$,并且当 $p(h|x) = \max\limits_{1 \leqslant g \leqslant m} p(g|x)$ 时,则判定样品 x 来自第 h 个总体。

有时也使用错误损失最小的原则来构造判别函数。把样品 x 错判为来自第 h 个总体的平均损失定义为 $E(h|x) = \sum\limits_{g \neq h} \dfrac{q_g f_g(x)}{\sum\limits_{i=1}^{m} q_i f_i(x)} \cdot L(h|g)$,其中 $L(h|g)$ 称为损失函数,它表示本来是第 g 个总体的样品 x 错判为第 h 个总体的损失。当 $h = g$ 时,有 $L(h|g) = 0$;当 $h \neq g$ 时,有 $L(h|g) > 0$。建立判别准则为:如果 $E(h|x) = \min\limits_{1 \leqslant g \leqslant m} E(g|x)$,则判定 x 来自第 h 个总体。由于实际应用中函数 $L(h|g)$ 不容易确定,因此常常在数学模型中假设各种错判的损失皆相等,即:$L(h|g) = \begin{cases} 0 & h = g \\ 1 & h \neq g \end{cases}$。这样,寻找 h 使后验概率最大和使错判的平均损失最小是等价的,即

$$p(h|x) \xrightarrow{h} \max \Leftrightarrow E(h|x) \xrightarrow{h} \min$$

Bayes 判别法需要知道各总体的分布函数,在实际问题中遇到的许多总体往往服从正态分布,所以正态分布密度函数是最常用的。

例 4.5.1 第四节的例 4.4.2 中,根据聚类分析结果,应聘研究生按其专业知识测试得分(mark)和管理才能测试得分(manage)分成三类:不录取组、待定组和录取组,现以聚类分析结果为已知数据,进行判别分析。

表 4.5.1　应聘研究生分组情况

组　别	学生编号 No.
(1)不录取	32　33　34　35　36　37　38　39　40　41　42　43　44　45 46　47　48　49　50　51　52　53　54　55　56　57　66　71　74　75
(2)待　定	2　3　9　24　31　58　59　60　61　62　63　64　65　67　68　69 70　72　73　76　77　78　79　80　81　82　83　84　85
(3)录　取	1　4　5　6　7　8　10　11　12　13　14　15　16　17　18　19 20　21　22　23　25　27　28　29　30　86

实验步骤:

(1) 整理第四节例 4.4.2 中的数据生成新的数据文件,包括四个变量:Cluster——分

组变量,No.——学生编号,mark——专业知识测试得分,manage——管理才能测试得分。

(2) 选择菜单 Analyze→classify→Discriminant,打开判别分析主对话框。

1) 选择变量 Cluster 作为分组变量,并在 Define Range 定义框中输入最小值1和最大值3;

2) 将变量 mark、manage 选入自变量栏中;

3) 在 statistics 功能框中,选择 Fisher 判别函数,并在 classify 功能框,选择所有各项判别分析结果。

(3) 其他选项采用默认值,点击 OK 键,输出的主要结果见表 4.5.2 和表 4.5.3。

表 4.5.2　Classification Function coefficients

	CLUSTER		
	1	2	3
MARK	.143	.134	.181
MANAGE	61.732	77.772	86.710
(Constant)	−110.170	−150.576	−203.838

* Unstandardized coefficients.

表 4.5.3　Classification Results(a)

	CLUSTER		Predicted Group Membership			Total
			1	2	3	
Original	Count	1	30	0	0	30
		2	0	27	2	29
		3	0	0	27	27
	%	1	100.0	.0	.0	100.0
		2	.0	93.1	6.9	100.0
		3	.0	.0	100.0	100.0

* a 97.7% of original grouped cases correctly classified.

结果分析:

(1) 表 4.5.2 给出了未标准化的 Fisher 线性判别函数系数,判别函数为

不录取值:$y_1 = -110.170 + 61.732 \times \text{manage} + 0.143 \times \text{mark}$

待 定 值:$y_2 = -150.576 + 77.772 \times \text{manage} + 0.134 \times \text{mark}$

录 取 值:$y_3 = -203.838 + 86.710 \times \text{manage} + 0.181 \times \text{mark}$

对于待判样品,将样本的各变量值分别代入判别函数 y_1、y_2 和 y_3 进行计算,比较函数值大小,将样品判属函数值最大的组中。

(2) 表 4.5.3 是样品回判分析小结,根据建立的判别函数进行判别,不录取组的正确率为100%,待定组的正确分组率为 93.1%,错判率 6.9%,录取组的正确分组率也是100%,判别准确率比较高,说明该判别方法可行。

例 4.5.2　设地区 1 和地区 2 监测得大气 Fe 浓度($x1$,单位:mg/m³)与飘尘浓度($x2$,单位:mg/m³)的数据如表 4.5.4 所示。根据该数据建立判别函数,并确定下列两组

数据应该属于哪个地区采集的: $x1=5.2$, $x2=16.6$; $x1=8.8$, $x2=18.7$。

表 4.5.4 两个地区大气中 Fe 浓度 $x1$ 与飘尘浓度 $x2$ 单位: mg/m^3

地区	Fe 浓度 $x1$	飘尘浓度 $x2$	地区	Fe 浓度 $x1$	飘尘浓度 $x2$
1	4.3	15.7	2	9.6	19.6
1	5.6	17.8	2	9.3	19.6
1	4.7	16.9	2	8.7	18.6
1	4.8	16.3	2	8.8	18.9
1	5.3	17.2	2	9.5	19.6
1	4.1	16	2	9.2	19
1	4	15.8	2	8.5	18.5
1	4.6	16.2	2	9.1	19.3

实验步骤:

(1) 建立数据文件, 包含组别变量"地区"及自变量 Fe 浓度 $x1$ 与飘尘浓度 $x2$。

(2) 选择菜单 Analyze→classify→Discriminant, 打开对话框。

1) 选择"地区"作为分组变量, 取值范围 1 到 2;

2) 选择 $x1$ 和 $x2$ 作为自变量;

3) 在 statistics 功能框中, 选择 Fisher 判别函数, 并在 classify 功能框, 选择所有各项判别分析结果。其他选项采用默认值, 主要分析结果见表 4.5.5 和表 4.5.6。

表 4.5.5 Classification Function Coefficients

	地区	
	1	2
x1	20.690	40.280
x2	$4.767E-02$	$9.733E-02$
(Constant)	-49.449	-185.653

* Fisher's linear discriminant functions.

表 4.5.6 Classification Results(b, c)

		地区	Predicted Group Membership		Total
			1	2	
Original	Count	1	8	0	8
		2	0	8	8
	%	1	100.0	.0	100.0
		2	.0	100.0	100.0
Cross-validated(a)	Count	1	8	0	8
		2	1	7	8
	%	1	100.0	.0	100.0
		2	12.5	87.5	100.0

结果分析:

(1) 表 4.5.6 中显示,未标准化的 Fisher 判别函数为

地区 1:$y_1 = -49.499 + 20.69x_1 + 0.04767x_2$

地区 2:$y_2 = -185.653 + 40.28x_1 + 0.09733x_2$

(2) 表 4.5.6 是运用该判别函数回判原样本的结果,其中对地区 1 的正确判别率为 100%,对地区 2 的错判率为 12.5%,8 个样本中有一个误判为来自地区 1。

将待判样本的数据分别代入未标准化的 Fisher 判别函数,并比较函数值 y_1 和 y_2,将样本判属函数值较大的一类,则样本 $x1 = 5.2, x2 = 16.6$ 判属地区 1,而样本 $x1 = 8.8, x2 = 18.7$ 判属地区 2。

第六节 试 验 设 计

在工农业生产中,无论是对生产工艺的改革、新产品的研制,还是生产工具的设计、生产,都需要进行试验。这就有一个合理安排试验的问题。特别是在影响试验指标的因素较多、而各因素的取值水平也较多的情况下,试验设计更成为一个重要的问题。如果我们在所有因子的每个水平组合上都至少做一次试验,这种完全试验法在实践中会有许多实际的困难,甚至是无法实现的。例如,假定要考虑 5 个三水平的因子,则完全试验法在重复数为 1 的情况下,仍然需要做 $3^5 = 243$ 次试验;假如再加一个四水平的因子,则完全试验需要做 972 次试验。如果还要分析各因素间的交互效应,则试验次数还需加倍! 显然,如此庞大的试验次数在实际中几乎是无法实施的,而且试验次数过多会造成人力、财力和物力上的浪费。如何安排少数几次试验,就能得到满意的结果呢? 在这里我们介绍一种常用的正交试验设计方法。

正交试验设计法是处理多因素试验的一种科学方法,它利用数理统计学的观点,应用正交性原理,对多个因素同时进行考察,用一套规格化的正交表合理地安排试验,使试验的次数远远小于完全试验法,同时又提供了足够的信息满足统计分析的要求。正交试验设计已在工农业科研试验中得到广泛的应用。

下面我们通过例子,说明正交试验设计表的特征以及运用正交试验设计法解决实际问题的方法和步骤。

一、正交试验设计

先举一例子来说明正交试验设计表的特征。

例 4.6.1 在一个农业试验中要考察 3 个小麦品种、3 种不同的肥料和 3 种播种方式对小麦产量的影响作用。假定现有 9 个地力基本相同的试验小区,应该如何合理安排试验?

分析:这个问题中影响小麦产量的有三个因素,分别为品种、肥料和播种方式,每个因素都有三个水平,如果在所有因子的每个水平组合上都至少做一次试验,即做完全试验,就需要 $3^3 = 27$ 个试验小区,而实际上只有 9 个小区。我们在这里只考虑各因素的主效应而不考虑交互效应,因此可以让三个因素中任意两个的不同水平的搭配都只出现一次,这样试验次数正好是 9 次。若用 -1、0 和 1 分别表示各因素的第一、第二和

第三水平，就可以得到一张试验设计表，见表4.6.1。

表4.6.1　3个三水平因素的正交试验设计表

试验序号	品种(A)	肥料(B)	播种方式(C)
1	-1	-1	-1
2	-1	0	0
3	-1	1	1
4	0	-1	0
5	0	0	1
6	0	1	-1
7	1	-1	1
8	1	0	-1
9	1	1	0

表的每一行代表一次试验，每一列代表一个因素。根据此表，只需按表中试验序号所对应的各因素组合方式，在9个小区中安排相应的试验。不难看出这张表具有下述两个重要特点：

(1) 每一列中，-1、0和1三个水平出现的次数相同，都是各有3次。

(2) 任意两列中，两个因素的各种不同水平的搭配出现次数相同。

满足这两个性质的试验就是"正交试验"，通过试验得到9个产量数据 y_i（$i=1$, 2，$\cdots$，9），就可以进行极差分析或方差分析，以确定各因素的主次顺序，并寻求产量最高的各因素的合理搭配，以指导生产实践。

上面用一个例子说明了正交试验设计的基本特点和分析方法，下面给出一般性陈述。假定我们要设计一个试验，需要安排 k 个因素，各因素的水平数分别为 t_1, t_2，$\cdots$，t_k，共做 n 试验，若试验满足下面两个条件，则称这个试验为正交试验：

(1) 每一个因素的不同水平在试验中出现的次数相同。

(2) 任意两个因素的不同水平的组合在试验中出现次数相同，而且任意两列对应元素乘积之和为零，即表中的列在"向量内积"的意义上是两两正交的，这是正交性的几何解释。

这两个特点，正是"均匀分散性"与"整齐可比性"这两条正交性原理的体现。按照正交设计安排试验，虽然只安排了每个因素各水平全部搭配中的一部分，但所安排的试验具有代表性，能够较全面地反映每个因素各水平对试验指标影响的大致情况，既减少了试验次数，又达到了统计分析的目的。

根据正交试验设计的原理，统计学家构造了一系列的正交表。正交表可分为两大类：单一水平正交表和混合水平正交表。单一水平正交表中所有因子有相同水平数，一般可表示为 L_n（t^k），其中 n 为试验次数，t 为因素水平，k 为最多可安排的因素个数。例如，L_8（2^7）表示在8次试验中最多可安排7个两水平的因素。混合水平正交表中各因素的水平数不完全相同，这一类正交表一般表示为 $L_n(t_1 \times t_2 \times \cdots \times t_k)$，其中 n 为试验次数，k 为最多可安排的因素个数（即正交表的列数），t_1，t_2，$\cdots$，t_k 分别表示每列的水平数。这里主要介绍单一水平正交表。

在实际应用中，如果确定了因子的个数和水平数，并且不考虑因素间的交互效应，就可以选用一个能够容纳指定因子数的最小的正交表来安排试验。例如，对于有 4 个因素，每个因素都有三个水平的试验，选择正交表 $L_9(3^4)$ 可使试验次数最少。该表形式如表 4.6.2 所示。

表 4.6.2 $L_9(3^4)$正交表

试验号 \ 因素	1	2	3	4
1	1	1	1	1
2	1	2	2	2
3	1	3	3	3
4	2	1	2	3
5	2	2	3	1
6	2	3	1	2
7	3	1	3	2
8	3	2	1	3
9	3	3	2	1

表中各因素的第一、第二和第三水平分别用数字 1、2、3 表示。如果只有 3 个因素，可以任意选该表中的 3 列表示 3 个因素。例 4.6.1 就是用了正交表 $L_9(3^4)$ 的前 3 列安排试验的。当不考虑交互效应时，各因素具体安排在表中哪一列是没有限制的。

二、SPSS 中正交试验设计

正交试验设计及分析的一般步骤为：

(1) 根据试验目的，确定试验因素个数 k 及其水平数 $t_1, t_2, \cdots, t_k$。

(2) 确定是否考虑各因素间的交互作用。

(3) 确定适当的试验次数，可根据需要与实际情况而定。

(4) 选择适当的正交表，按表安排试验，并根据试验数据进行统计分析。

SPSS 的 11.0 版本在 Data 菜单中提供了正交设计模块 Orthogonal Design，该过程可按选定的试验因素个数以及各因素的水平数等自动产生正交试验设计表格数据文件。

（一）无交互作用正交试验设计

仍以例 4.6.1 为例，简要介绍进行无交互作用正交试验设计时，SPSS 中 Orthogonal Design 过程的使用方法。

例 4.6.2 考虑小麦品种、不同肥料及不同播种方式三个因素对小麦产量的影响，每个因素都有三个水平，试进行正交试验设计，并对试验数据进行统计分析。

分析：首先利用 Orthogonal Design 过程设计正交试验，然后按正交表安排具体的试验，得到试验数据以后，再利用方差分析过程进行统计分析。

实验步骤：

(1) 选择菜单 Date→Orthogonal Design→Generate，进入生成正交试验设计表格的主

对话框,见图4.6.1。

1) 在Factor Name框中,输入变量A(小麦品种),并在Define Values功能框中输入其水平1、2、3,表示变量A的三个水平分别用1、2、3表示;

2) 依次在Factor Name框中输入变量B(表示肥料)和C(表示播种方式),重复1)中输入水平数的操作;

图4.6.1 正交试验设计对话框

(2) 选中Replace working data file选项,即在当前产生一个可容纳3个三水平因素的正交试验设计表的数据文件(见表4.6.3)。

表4.6.3 3个三水平因素的正交试验设计表

	A	B	C	STATUS_	CARD_
1	3水平	3水平	1水平	Design	1
2	1水平	2水平	3水平	Design	2
3	3水平	1水平	3水平	Design	3
4	1水平	3水平	2水平	Design	4
5	2水平	3水平	3水平	Design	5
6	3水平	2水平	2水平	Design	6
7	2水平	2水平	1水平	Design	7
8	2水平	1水平	2水平	Design	8
9	1水平	1水平	1水平	Design	9

(3) 按正交试验设计表格,在每个试验小区安排一个试验。试验后,在该数据文件中增加一个变量y,输入对应试验的小麦产量数据(见表4.6.4)。

表4.6.4 正交试验数据   单位:kg

试验序号	1	2	3	4	5	6	7	8	9
小麦单产 y_i	191	204	209	200	199	213	224	227	243

(4) 利用 SPSS 中方差分析过程 Univariate 进行统计分析。

方差分析过程已在第二节中讲述,此处略。

(二) 有交互作用正交试验设计

在一些实际问题中,完全不考虑因素间的交互效应是不合理的,但同时人们发现,多数情况下,因素之间的高阶交互效应的影响作用很小,所以除考虑各因素的主效应以外,通常只考察某些因素之间的一阶交互效应,即某些因素两两之间的交互效应。此时,在正交试验设计中,应同时安排各因素的主效应和因素间交互效应。

在 SPSS 中,利用 Orthogonal Design 过程设计考虑因素间有交互作用的正交试验,只需根据因素个数和各水平数,确定最少的试验次数,即可得到相应的正交试验设计表。

例 4.6.3 工业生产中电镀前的金属零件要去油去锈,原工艺流程中去油去锈分别进行,现探索去油和去锈一步进行的工艺技术,以达到节省工序、节省时间的目的。试验指标 y 为去油去锈时间,考虑三个影响该指标的主要因素,各因素及其两个水平见表 4.6.5。合理安排试验,分析各因素及因素间交互效应对去油去锈时间 y 的影响作用。

表 4.6.5　三个两水平因素表

水　平 \ 因　素	硫酸含量 A/(ml/kg)	OP 乳化剂 B/(ml/kg)	硫尿 C/g
1	250	9	6
2	300	12	4

分析:本题为三因素两水平的正交试验设计,除考虑主效应以外,还要考虑交互效应,应至少安排 8 次试验。

实验步骤:

(1) 选择菜单 Date→Orthogonal Design→Generate,进入生成正交试验设计表格的主对话框。

1) 在 Factor Name 框中,输入变量 A(硫酸含量),并在 Define Values 功能框中输入其水平 1、2,表示变量 A 的两个水平分别用 1、2 表示;

2) 再在 Factor Name 框中输入变量 B (OP 乳化剂) 和 C(硫尿),重复 1)中输入水平数的操作。

(2) 点击 Options 选项,输入最少试验次数 8(见图 4.6.2)。

(3) 返回主对话框,选中 Replace working data file 选项,即在当前产生一个三因素两水平的正交试验设计表的数据文件(见表 4.6.6)。

图 4.6.2　正交试验设计对话框

表 4.6.6 正交试验设计方案

	A	B	C	STATUS_	CARD_
1	2水平	1水平	2水平	Design	1
2	1水平	1水平	2水平	Design	2
3	2水平	1水平	1水平	Design	3
4	1水平	2水平	1水平	Design	4
5	2水平	2水平	1水平	Design	5
6	2水平	2水平	2水平	Design	6
7	1水平	2水平	2水平	Design	7
8	1水平	1水平	1水平	Design	8

（4）按表 4.6.6 安排试验，相应的试验数据见表 4.6.7。

表 4.6.7 试验方案及试验数据

试验号	1	2	3	4	5	6	7	8
y/min	10.5	6.1	7.3	6.0	13.3	16.2	17.7	7.7

（5）建立数据文件，包含三个因素 A、B、C 和因变量 y，输入相应的数据，调用方差分析过程 Univariate 进行统计分析，具体步骤参见第二节例 4.2.3。

注意：在方差分析过程中自定义模型时，除主效应以外，要添加交互效应 $A*B$，$A*C$ 和 $B*C$。

方差分析主要结果见表 4.6.8 和表 4.6.9。

表 4.6.8 **Tests of Between-Subjects Effects**

Dependent Variable：Y

Source	Type Ⅲ Sum of Squares	df	Mean Square	F	Sig.
Corrected Model	169.660(a)	6	28.277	17.455	.181
Intercept	1123.380	1	1123.380	693.444	.024
A	49.005	1	49.005	30.250	.114
B	16.820	1	16.820	10.383	.192
C	4.805	1	4.805	2.966	.335
A * B	8.405	1	8.405	5.188	.263
A * C	24.500	1	24.500	15.123	.160
B * C	66.125	1	66.125	40.818	.099
Error	1.620	1	1.620		
Total	1294.660	8			
Corrected Total	171.280	7			

* a R Squared = .991 (Adjusted R Squared = .934)

表 4.6.9 $B * C$(因素间交互效应)

Dependent Variable: Y

B	C	Mean	Std. Error	95 % Confidence Interval	
				Lower Bound	Upper Bound
1	1	12.500	.900	1.064	23.936
	2	8.300	.900	− 3.136	19.736
2	1	9.650	.900	− 1.786	21.086
	2	16.950	.900	5.514	28.386

结果分析:

(1) 表 4.6.8 表明,在 $\alpha = 0.1$ 的显著性水平下,只有因素 B 和 C 的交互效应是显著的,其余主效应和交互效应对试验指标 y 的影响都不显著。

(2) 要选取较好的生产条件(水平组合),应先考虑有显著影响作用的因素和交互作用。首先考虑作用最为显著的交互效应 $B * C$,比较 B 和 C 两个水平四种搭配的试验结果(见表 4.6.9),可见 B_1 与 C_2 搭配去油去锈时间最短,$B_2 C_1$ 居其次;再综合考虑因素 A,可发现 $A_1 B_1 C_2$ 或 $A_1 B_2 C_1$ 的搭配效果都比较好。

三、一次回归正交设计

以上介绍的正交试验设计方法,在处理多因素多水平的实际问题中具有十分显著的优点,能通过安排少数几次试验,找到较好的生产条件,区分影响因素的主次顺序。若将正交试验设计方法与回归分析两者结合起来,即把试验的合理安排、数据的处理以及回归方程的精度统一成一个整体加以考虑和研究,这就是正交回归试验设计与分析所研究的内容。

回归设计按多项式回归模型中自变量的次数可分为一次回归设计和二次回归设计等,我们主要介绍一次回归正交设计。

一次回归正交设计主要运用两水平的正交表(如表 $L_4(2^3)$,$L_8(2^7)$ 等)进行试验安排。为了进行回归设计,首先将因素 $Z_1, Z_2, \cdots, Z_m$ 的水平进行编码。设因素 Z_i 的变化区间为 (Z_{1i}, Z_{2i}),则 Z_{1i} 和 Z_{2i} 分别称为该因素的下水平和上水平,并分别称 $Z_{0i} = \dfrac{Z_{1i} + Z_{2i}}{2}$ 和 $\Delta_i = \dfrac{Z_{2i} - Z_{1i}}{2}$ 为因素 Z_i 的零水平和变化间隔。对因素的水平进行编码就是对因素的取值作线性变换 $x_i = \dfrac{Z_i - Z_{0i}}{\Delta_i}$。

编码后相应的变量为 $x_1, x_2, \cdots, x_m$,建立 y 关于 $Z_1, Z_2, \cdots, Z_m$ 的回归方程问题就转化为建立 y 关于 $x_1, x_2, \cdots, x_m$ 的回归方程问题。

正交回归设计就是要在以 $x_1, x_2, \cdots, x_m$ 为坐标的多维因子空间中,选取适当的点作为试验点安排试验,减少试验次数,并获得足够的信息建立精度较高的回归方程,满足统计分析的要求。

比如有 3 个因素 x_1, x_2, x_3(已进行过编码),选择正交表 $L_8(2^7)$ 安排实验,并把正交表中"1"与"2"两个水平改为用"−1"和"+1"表示,此时正交表中"−1"与"+1"不仅表示因素的状态,而且表示该变量的取值。若考虑因素间的交互作用,则因素间两两交互作用

在回归方程中可用交叉项 x_1x_2, x_1x_3 和 x_2x_3 表示,此时回归方程的一般形式为

$$\hat{y} = b_0 + b_1x_1 + b_2x_2 + b_3x_3 + b_{12}x_1x_2 + b_{13}x_1x_3 + b_{23}x_2x_3$$

由于变量经过了无量纲的编码变换,回归方程中回归系数 b_j 的绝对值大小就刻画了变量 x_i 对变量 y 的影响作用的大小,b_j 的符号表明了这种作用的性质。

例 4.6.4 在研究火鸡人工受精成功率(y)时,输精间隔天数(Z_1)和输精量(Z_2)以及输精时刻(Z_3)是主要的影响因素,已确定各因素的取值水平(见表 4.6.10),试制定正交试验方案,要求在各因素零水平处重复四次试验,根据试验数据求出回归方程,并对方程拟合程度进行检验。

表 4.6.10　三因素二水平编码表

因素	Z_1 输精间隔/d	Z_2 输精量/ml	Z_3 输精时刻/h
编码记号	x_1	x_2	x_3
零水平(0)	10.5	0.0375	18.00
间距(Δ)	3.5	0.0125	3.00
上水平(+1)	14	0.05	21.00
下水平(-1)	7	0.025	15.00

分析:该题为三因素两水平正交回归设计,先进行三因素两水平正交试验设计,并在各因素零水平处重复四次试验,一共 12 次试验。再根据试验数据进行回归分析,得出回归方程并检验。

实验步骤:

(1) 按上例设计正交试验的步骤得到三因素两水平正交试验设计表,试验设计方案及试验结果见表 4.6.11。

表 4.6.11　试验方案及试验结果

试验号	x_0	x_1	x_2	x_3	x_1x_2	x_1x_3	x_2x_3	y 受精率/%
1	1	1	1	1	1	1	1	94.4
2	1	1	1	-1	1	-1	-1	95.7
3	1	1	-1	1	-1	1	-1	88.6
4	1	1	-1	-1	-1	-1	1	89.7
5	1	-1	1	1	-1	-1	1	72.1
6	1	-1	1	-1	-1	1	-1	90.8
7	1	-1	-1	1	1	-1	-1	73.8
8	1	-1	-1	-1	1	1	-1	75.9
9	1	0	0	0	0	0	0	83.0
10	1	0	0	0	0	0	0	85.9
11	1	0	0	0	0	0	0	90.5
12	1	0	0	0	0	0	0	89.2

(2) 根据表 4.6.11 建立 SPSS 数据文件,包含变量 x_1、x_2、x_3 以及 x_{12}、x_{13}、x_{23},其中 x_{12}、x_{13}、x_{23} 分别表示交叉项 x_1x_2、x_1x_3、x_2x_3,把交叉项作为一个新的变量,这样就

可以利用线性回归过程来求解。

(3) 调用回归分析过程 Regression 中的线性回归子过程 Linear，以 y 作为因变量，x_1、x_2、x_3 以及 x_{12}、x_{13}、x_{23} 作为自变量建立回归方程，并进行显著性检验。具体步骤参照第三节例 4.3.2。主要分析结果见表 4.6.12 和表 4.6.13。

表 4.6.12　ANOVA(b)

Model		Sum of Squares	df	Mean Square	F	Sig.
1	Regression	612.455	6	102.076	5.729	.037(a)
	Residual	89.082	5	17.816		
	Total	701.537	11			

* a Predictors：(Constant)，X23，X13，X12，X3，X2，X1.

* b Dependent Variable：Y.

表 4.6.13　Coefficients(a)

Model		Unstandardized Coefficients		Standardized Coefficients	t	Sig.	95% Confidence Interval for B	
		B	Std. Error	Beta			Lower Bound	Upper Bound
1	(Constant)	85.883	1.218		70.484	.000	82.751	89.015
	X1	6.975	1.492	.745	4.674	.005	3.139	10.811
	X2	3.125	1.492	.334	2.094	.090	−.711	6.961
	X3	−2.900	1.492	−.310	−1.943	.110	−6.736	.936
	X12	−.175	1.492	−.019	−.117	.911	−4.011	3.661
	X13	2.300	1.492	.246	1.541	.184	−1.536	6.136
	X23	−2.100	1.492	−.224	−1.407	.218	−5.936	1.736

* a Dependent Variable：Y.

结果分析：

(1) 表 4.6.12 回归方程显著性检验表明，统计量 $F = 5.729$，检验概率 $P = 0.037$，回归方程显著。

(2) 表 4.6.13 显示回归系数估计值及其显著性 T 检验结果，可以得到回归方程为

$$y = 85.883 + 6.975x_1 + 3.125x_2 - 2.9x_3 - 0.175x_1x_2 + 2.3x_1x_3 - 2.1x_2x_3 （编码方程）$$

注：可根据编码变量 x_i 与原变量 Z_i 之间的关系式，将以上编码方程转换成关于 Z_1、Z_2 和 Z_3 的实际方程。

回归系数显著性 T 检验中，在 $\alpha = 0.1$ 水平下，只有 x_1 和 x_2 的系数是显著的。说明 3 个主要因素中，输精间隔天数（因素 x_1）对受精率 y 影响最大，其次是输精量（因素 x_2），而第三个因素输精时刻以及因素间的交互作用对于受精率 y 影响都不大。根据该统计分析结果，人们可以掌握人工受精成功的良好条件，对人工繁育火鸡工作进行控制和改进。

习 题 四

1. 表 1 是我国三个大城市 1991～1994 年每月平均气温数据,试利用 SPSS 中线图绘制功能,完成以下实验:

(1) 绘制多线图同时体现三个城市月平均气温变化情况;

(2) 绘制垂线图体现同一时期内三个城市气温的差异;

(3) 绘制交互式点线图,反映同一城市不同年份月平均气温的整体变化情况。

表1　1991～1994 年武汉、北京、上海月平均气温数据　　　　单位:℃

年份	月份	武汉	北京	上海	年份	月份	武汉	北京	上海
1991	1	4.8	−2.3	4.8	1993	1	2.1	−3.7	3.4
1991	2	6.6	0.1	6.2	1993	2	7.7	1.6	7.1
1991	3	8.5	4.4	8.4	1993	3	10.4	8.1	8.9
1991	4	15.3	13.9	13.6	1993	4	17.3	14	14.7
1991	5	20.5	19.9	19.6	1993	5	20.1	21.5	19
1991	6	26	24.1	24.2	1993	6	26.5	25.4	24.9
1991	7	28.4	25.9	28.3	1993	7	27.2	25.2	27
1991	8	27.7	27.1	27	1993	8	26.3	25.2	26.6
1991	9	23.9	20.4	24.2	1993	9	23.6	21.3	24.3
1991	10	17.7	13.8	18.5	1993	10	17.6	13.9	18.5
1991	11	11.8	4.6	12.6	1993	11	9.8	3.7	13.5
1991	12	6	−1.8	7.5	1993	12	6	−0.8	5.8
1992	1	5	−1.1	4.4	1994	1	4.9	−1.6	5
1992	2	7.9	1.8	6.5	1994	2	5.4	0.8	5.3
1992	3	7.8	6.7	8.1	1994	3	9.7	5.6	8.4
1992	4	18.1	15.5	14.5	1994	4	17.5	17.3	15.1
1992	5	22.5	20.5	20	1994	5	24.7	21	22
1992	6	25	23.5	22.5	1994	6	25.9	26.8	24.3
1992	7	28.6	26.8	28	1994	7	29.9	27.7	29.9
1992	8	28.6	24.6	27.1	1994	8	29.4	26.5	28.7
1992	9	22.8	20.5	24.1	1994	9	23	21.1	24.1
1992	10	16.3	12.2	17.7	1994	10	17.1	14.1	18.9
1992	11	11.6	3.4	11.6	1994	11	13.3	6.4	15.5
1992	12	7.1	−0.3	8.1	1994	12	7.2	−1.4	9.3

2. 在某学科的期末考试试卷中随机抽取 60 份,其成绩如下:

65　45　33　12　85　78　79　31　98　45　65　89　64　48　74
39　46　75　86　99　16　87　82　65　62　74　72　56　45　52
82　91　23　56　46　87　72　32　46　56　58　92　93　100　56
48　68　95　45　87　72　36　64　69　70　49　33　76　88　19

试根据样本数据画频率直方图,并检验该样本数据是否服从正态分布。

3. 用水稻、玉米、谷子 3 种饲料喂养黏虫,每种饲料重复试验,测得不同饲料饲养的黏虫体重如表2所示,试检验三个平均数间的差异是饲料不同造成的还是随机的。

表 2　黏虫体重数据

饲料	体　重				
水稻	7.0	16.0	10.5	13.5	15.7
玉米	14.0	15.5	15.0	21.0	
谷子	8.5	16.5	9.5	13.5	

4. 将一种植物生长调节剂配成 5 种浓度,分别浸泡大豆种子后播种,各浓度处理重复 3 次,播种后 45 天测定单株干物重(g)得到的数据见表 3,试作单因素方差分析。

表 3　植物单株干物重数据

浓度＼重复	1	2	3
1	10	9	10
2	12	12	13
3	13	14	14
4	3	3	3
5	2	5	4

5. 为比较 3 种肥料(A_1, A_2, A_3)在 3 种土壤(B_1, B_2, B_3)上对小麦产量的影响,在温室里进行盆栽试验,每个处理各重复 3 次,得产量数据(g/盆)如表 4 所示,试对试验数据进行双因素有交互作用的方差分析。

表 4　盆栽小麦产量数据

处理		重　复		
肥　料	土　壤	1	2	3
A_1	B_1	21.4	21.2	20.1
A_1	B_2	19.6	18.8	16.4
A_1	B_3	17.6	16.6	17.5
A_2	B_1	12.0	14.2	12.1
A_2	B_2	13.0	13.7	12.0
A_2	B_3	13.3	14.0	13.9
A_3	B_1	12.8	13.8	13.7
A_3	B_2	14.2	13.6	13.3
A_3	B_3	12.0	14.6	14.0

6. 为了由落叶松的苗高 x_1 和地径 x_2 来预报苗木的鲜重 Y,今观测了 8 株苗木,得到表 5 中的数据。

表5　落叶松苗高、地径和苗木鲜重数据

	因变量		自变量	
样本号	鲜重 Y/g		苗高 x_1/cm	地径 x_2/mm
1	15.6		47.3	5.8
2	7.0		40.2	4.2
3	8.7		38.3	4.6
4	14.9		53.6	6.1
5	13.8		36.9	6.0
6	19.1		50.1	6.6
7	18.8		49.0	6.4
8	13.2		35.1	5.94

试建立多元线性回归方程: $Y = \beta_0 + \beta_1 x_1 + \beta_2 x_2$ 并检验。

7. 著名的玉米吸收土壤磷素的试验数据如表 6 所示, 变量 x_1 为土壤内所含无机磷的数量, x_2 为土壤内溶于 K_2CO_3 溶液并受化合物水解的有机磷数量, Y 为 20℃ 生长温度下玉米吸收磷量, 设 Y 与 x_1, x_2 有线性相关关系, 试求回归方程, 并进行检验。

表6　玉米吸收土壤磷素试验数据

样本号	因变量 Y	x_1	x_2	样本号	因变量 Y	x_1	x_2
1	64	0.4	53	10	51	12.6	58
2	60	0.4	23	11	76	10.9	37
3	71	3.1	19	12	96	23.1	46
4	61	0.6	34	13	77	23.1	50
5	54	4.7	24	14	93	21.6	44
6	77	1.7	65	15	95	23.1	56
7	81	9.4	44	16	54	1.9	36
8	93	10.1	31	17	168	26.8	58
9	93	11.6	29	18	99	29.9	51

8. 某作物出苗天数 x 以及其相应的干物质积累的进程 $y(\%)$ 数据列于表 7, 假设 x 与 y 之间的关系可用 Logistic 生长曲线模型 $y = \dfrac{K}{1 + a e^{-bx}}$ 来描述, 试建立该曲线方程并检验。

表7　该作物出苗天数及干物质积累进程数据

出苗天数 x	干物质积累进程 y	出苗天数 x	干物质积累进程 y
10	2.0	60	69.5
20	7.6	70	85.0
30	15.1	80	92.2
40	30.3	90	98.1
50	49.8		

9. 据调查, 某地区某种农产品在单位时间内的供给量 y(单位: t)与该农产品的销售

单价 x_1(单位:元/t)以及该地区消费者收入 x_2(单位:万元)如表 8 所示。

表 8 该农产品供给量及销售单价数据

供给量 y	销售单价 x_1	消费者收入 x_2	供给量 y	销售单价 x_1	消费者收入 x_2
98.5	1003	87.4	95.4	931	75.1
99.2	1043	97.6	92.4	988	76.9
102.2	1034	96.7	94.5	1029	84.6
101.5	1045	98.2	98.8	988	90.6
104.2	980	99.8	105.8	951	103.1
103.2	995	100.5	100.2	985	105.1
104.0	1010	103.2	100.5	865	96.4
100.0	1048	107.8	99.9	1040	104.4
100.3	964	96.6	105.2	1050	110.7
102.0	912	88.9	106.2	1135	127.1

试建立 y 关于 x_1 和 x_2 的线性回归方程并检验。

10. 表 9 是 1990 年对我国 30 个省、直辖市人口的文化程度状况普查数据。其中
DXBZ 表示大学以上文化程度的人口占全部人口的比例;CZBZ 表示初中文化程度的人口
占全部人口的比例;WMBZ 表示文盲半文盲人口占全部人口的比例。试对数据进行聚类
分析,并对分类结果做出合理解释。

表 9 1990 年我国 30 个省、市人口文化程度状况普查数据

地区	序号	DXBZ	CZBZ	WMBZ	地区	序号	DXBZ	CZBZ	WMBZ
北京	1	9.30	30.55	8.70	河南	16	0.85	26.55	16.15
天津	2	4.67	29.38	8.92	湖北	17	1.57	23.16	15.79
河北	3	0.96	24.69	15.21	湖南	18	1.14	22.57	12.10
山西	4	1.38	29.24	11.30	广州	19	1.34	23.04	10.45
内蒙	5	1.48	25.47	15.39	广西	20	0.79	19.14	10.61
辽宁	6	2.60	32.32	8.81	海南	21	1.24	22.53	13.97
吉林	7	2.15	26.31	10.49	四川	22	0.96	21.65	16.24
黑龙江	8	2.14	28.46	10.87	贵州	23	0.78	14.65	24.27
上海	9	6.53	31.59	11.04	云南	24	0.81	13.85	25.44
江苏	10	1.47	26.43	17.23	西藏	25	0.57	3.85	44.43
浙江	11	1.17	23.74	17.46	陕西	26	1.67	24.36	17.62
安徽	12	0.88	19.97	24.43	甘肃	27	1.10	16.85	27.93
福建	13	1.23	16.87	15.63	青海	28	1.49	17.76	27.70
江西	14	0.99	18.84	16.22	宁夏	29	1.61	20.27	22.06
山东	15	0.98	25.18	16.87	新疆	30	1.85	20.66	12.75

11. 表 10 是一组有关啤酒的数据, 其中变量 Beename 表示啤酒名称, 变量 calorie、
sodium、alcohol 分别表示 12 盎司①啤酒的热量卡路里、钠含量以及酒精含量, cost 表示 12
盎司啤酒的价格。根据该数据对这 20 种啤酒进行聚类分析。

---

① 1 盎司 = 28.349 523 克

表 10　20种啤酒的热量、钠含量、酒精含量及价格数据

Beename	calorie	sodium	alcohol	cost
Budweiser	144	19	4.7	0.43
Schitz	181	19	4.9	0.43
Ionenbrau	157	15	4.9	0.48
Kronensourc	170	7	5.2	0.73
Heineken	152	11	5.0	0.77
Old minaukee	145	23	4.6	0.26
Aucsberger	175	24	5.5	0.40
Strchs bohemian sttl	149	27	4.7	0.42
Miller lite	99	10	4.3	0.43
Sudieiser licht	113	6	3.7	0.44
Coors	140	16	4.6	0.44
Coorslicht	102	15	4.1	0.46
Michelos licht	135	11	4.2	0.50
Secrs	150	19	4.7	0.76
Kkirin	149	6	5.0	0.79
Pabst extra licht	68	15	2.3	0.36
Hamms	136	19	4.4	0.43
Heilernans old style	144	24	4.9	0.43
Olympia gold licht	72	6	2.9	0.46
Schite light	97	7	4.2	0.47

12. 在植物学研究中, 对某种植物的三个品种的花瓣、花萼的长、宽进行观测, 每种15个观测量, 其数据见表 11。

表 11　某植物三个品种的花瓣、花萼长、宽观测数据

no	slen	swid	peid	spno	class	no	slen	swid	peid	spno	class
1	50	33	14	2	1	24	61	30	46	14	2
2	46	36	10	2	1	25	56	25	39	11	2
3	48	31	16	2	1	26	64	32	45	15	2
4	49	36	14	1	1	27	54	30	45	15	2
5	44	32	13	2	1	28	67	31	44	14	2
6	51	38	16	2	1	29	57	26	35	10	2
7	50	30	16	2	1	30	57	29	42	13	2
8	51	38	19	4	1	31	67	31	56	24	3
9	49	30	14	2	1	32	89	31	51	23	3
10	50	36	14	2	1	33	65	30	52	20	3
11	55	35	13	2	1	34	58	27	51	19	3
12	44	30	13	2	1	35	49	25	45	17	3
13	47	32	16	2	1	36	63	25	50	19	3
14	50	32	12	1	1	37	63	27	49	18	3
15	50	34	16	4	1	38	64	25	47	16	3
16	57	28	45	13	2	39	66	27	51	20	3
17	63	33	47	16	2	40	61	20	47	16	3
18	70	32	47	14	2	41	57	18	46	17	3
19	58	26	40	12	2	42	55	18	44	16	3
20	50	23	33	10	2	43	65	23	56	23	3
21	58	27	41	10	2	44	72	22	58	27	3
22	60	28	45	15	2	45	88	24	58	24	3
23	62	22	45	15	2						

试对数据进行判别分析。

13. 进行探索"宽行窄株"栽培法与其他栽培条件如何配合,才能使水稻高产的正交试验,已知试验因素和各因素水平如表12所示。

表12　三个栽培条件因素及其水平

因素 水平	规格/cm	施氮量/(kg/亩)	施肥比例
1	26.4×8.3	6.5	8:0:2
2	23.1×10.0	7.5	4:4:2
3	19.8×10.0	9.0	5:3:2

试给出该试验的正交试验设计方案(不考虑因素间交互作用)。若安排9次试验得到的结果分别为(kg/666.7m^2):428.3,451.9,460.4,412.4,419.5,421.5,420.9,424.4和420.0,试对试验结果进行方差分析。

14. 为了探索水稻合理用肥高产规律,进行三个施肥时期的三因素正交试验,该三个因素及其水平如表13所示。

表13　三个施肥时期及其水平数据

因素 水平	品种	前期(B)	中期(C)	后期(D)
1	1	8	5	7
2	2	16	10	14

试给出正交试验设计方案。若已知安排的8次试验的结果分别为(公斤/亩):284,301,261,262,135,338,346和350。

试用方差分析法分析试验结果。

15. 考虑某型号产品的耐用度 y 与变量 Z_1、Z_2 和 Z_3 的关系。已知各变量的上水平、下水平分别为 Z_1:0.3,0.1;Z_2:0.06,0.02;Z_3:120,80。采用一次正交回归设计方法给出各因素水平编码表及试验设计方案,要求零水平安排3个试验。若已知所安排的试验结果分别为:2.94,3.48,3.49,3.95,3.40,4.09,3.81,4.79,4.17,4.09,4.38,试建立回归方程,并对回归方程进行检验。

第五章　数据挖掘技术及其算法简介

数据挖掘（data mining，DM），又称数据开采。它是数据库研究、开发和应用最活跃的分支之一，也是数理统计方法被实际应用的最成功方式之一。数据挖掘是一个多学科交叉的领域，包括统计学、模式识别、知识库系统、数据库技术、人工智能、机器学习和神经网络等学科。本章首先向学生介绍数据挖掘的基本内容，然后再介绍几种常用的数据挖掘算法，通过这些内容的学习使学生对数据挖掘技术有所了解。

第一节　数据挖掘的基本内容

一、数据挖掘技术产生的背景

自 20 世纪 80 年代中期以来，计算机硬件技术飞速的发展使数据的收集能力大大增强，这些技术推动了数据库和信息产业的发展，在实际生产和经营管理中产生了大量的数据。数据的丰富带来了对数据分析工具的需求，大量的数据被描述为"数据丰富，但信息贫乏"。快速增长的海量数据收集、存储在大型数据库中，没有强有力的工具，理解它们已经远远超出人的能力，结果收集在大型数据库中的数据变成了"数据坟墓"。用数据挖掘工具进行数据分析，可以发现隐含在数据中的规律，这些规律对于决策、经营管理和科学研究都至关重要。

二、数据挖掘的定义

数据挖掘这一术语最早出现于 1989 年，之后，其定义几经变动。一种比较公认的定义是 W. J. Frawley、G. Piantetsky、Shapiro 等人提出的。

定义 5.1.1　数据挖掘就是从大型数据库的数据中提取人们感兴趣的知识。

在定义中所提到的知识是隐含的，事先未知的潜在有用信息，提取的知识表示为概念、规则、规律、模式等形式。数据挖掘的对象为数据库。数据挖掘着眼于设计高效的算法以达到从巨量数据中发现知识的目的，它充分利用了机器学习、人工智能、模糊逻辑、人工神经网络、分形几何的理论和方法。

与数据挖掘关系密切的研究领域包括归纳学习、机器学习和统计分析。统计学与数据挖掘之间又是相互联系、相互促进的，数据挖掘给统计学的发展带来冲击的同时又利用统计学的知识和方法对数据中的规律、知识进行发现，对传统的统计学技术提出了更高的要求，并推动了统计学的发展。现存的许多统计方法、模型如预测、聚类分析、方差分析和回归分析等都可用来进行数据挖掘。同时数据挖掘的方法也有它自己的特性，首先，数据挖掘访问的数据远远大于统计分析涉及的数据对象，是非常大的数据库，其计算量也是非常大的；其次，数据挖掘与统计学建模的重点也不同，数据挖掘的重点大多放在"学习"上。

三、数据挖掘的主要任务

由于数据挖掘所涉及的学科领域和方法很多，在各学科领域中，DM 均负有不同的发现任务。

(1) 汇总。其目的是对数据进行浓缩，给出它的紧凑描述。DM 主要关心从数据泛化的角度来讨论数据、总结数据。数据泛化是一种把数据库中的有关数据从低层次抽象到高层次的过程。

(2) 分类。其目的是学会一个分类函数或分类模型，该模型能按照事先定义的标准，把数据的各项映射到给定类别中的某一个，即对数据进行归类。

(3) 聚类。聚类是把一组个体按照相似性归纳成若干类别，即"物以类聚"。它的目的是使属于同一类别的个体之间的距离尽可能地小，而不同类别的个体间的距离尽可能地大。

(4) 关联规则。关联规则是发现事物之间的联系，如"在购买面包和奶油的顾客中，有 90% 的人同时也买了牛奶"。

四、DM 的典型算法

DM 的结果通常表示为概念、规律、模式、约束和可视化等形式。DM 算法有两种常用的分类。

(一) 根据所发现知识的种类分类

这种分类方法将 DM 算法分为：关联规则、分类规则、特征规则、聚类规则、汇总规则、趋势分析和偏差分析等。

(二) 根据采用技术分类

DM 技术是人工智能领域的一个新的重要分支，它可以综合利用各种人工智能技术。下面将介绍几种最常用的 DM 技术。

(1) 粗集方法。

粗集理论是近年来才兴起的研究不精确、不确定性知识的表达、学习和归纳等方法。它模拟人类的抽象逻辑思维，以各种更接近人们对事物的描述方式的定性、定量或者混合信息为输入，输入空间与输出空间的映射关系是通过简单的决定表简化得到的。它通过考察知识表达中不同属性的重要性，来确定哪些知识是冗余的，哪些知识是有用的。它以对观察和测量所得数据进行分类的能力为基础，从中发现、推理知识和分辨系统的某些特点、过程和对象等。

(2) 神经网络。

人工神经网络从结构上模仿生物神经网络，以达到模拟人类的形象直觉思维的目标。它是在生物神经网络研究的基础上，根据生物神经元和网络的特点，通过简化、归纳和提炼总结出来的一类并行处理网络。

人工神经网络技术利用其非线性映射的思想和并行处理的方法，用神经网络本身结构可以表达输入与输出的关联知识。它通过不断学习来调整网络结构，最后以特定的网络结构来表达输入空间与输出空间的映射关系，是一种通过训练来学习的非线性预测模型，可以完成分类、聚类和特征挖掘等多种数据挖掘任务。

（3）遗传算法。

遗传算法是一种较新的非线性优化技术。它基于生物进化理论中的基因重组、突变和自然选择等概念设计一系列的过程来达到优化的目的，这些过程包括基因组合、交叉、变异和自然选择。

遗传算法作用于对某一特点问题的一组可能的解法，试图通过基因组合、交叉和变异过程来组合或"繁殖"现存的解法来产生一个新的解集，然后利用基于"适者生存"理论的自然选择方法来使较差的解法被抛弃，使繁殖的结果得到改善，从而产生更好的解集。

（4）决策树归纳法。

决策树归纳法根据数据的值，把数据分层组织成树形结构，即用树形结构来表示决策集合，这些决策集合通过对数据集的分类产生规则。在决策树中每一个分支代表一个子类，树的每一层代表一个概念。

（5）最近邻技术。

最近邻技术通过 k 个最与之相近的历史记录的组合来辨别新的记录。有时也称 k-最近邻方法。这种技术可以用于聚类偏差分析等挖掘任务。

（6）规则归纳。

规则归纳法是由一系列的 if... then... else... 类产生式规则来对数据进行归类。它通过统计方法，从测量数据中归纳、提取有价值的 if... then... else... 类产生式规则。

（7）聚类法。

聚类算法是通过对变量的比较，把具有相似特征的数据归于一类。通过聚类以后，数据集就转化为类集，在类集中同一类的数据具有相似的变量值，不同类之间数据的变量值不具有相似性。区分不同的类是属于数据挖掘过程的一部分。

五、常用数据挖掘软件简介

对于数据挖掘功能的实现，目前有很多大型软件公司从事这方面软件的开发，现将国际上比较通用的数据挖掘软件介绍如下：

（1）SAS/Enterprise Miner，SAS（statistical analysis system）是由美国北卡罗纳大学研究所开发出来的软件包，现在的最高版本为 8.1，为目前最好的统计软件之一。SAS研究所提出数据挖掘模型 SEMMA（Sample, Explore, Modify, Model, Assess），结合 SAS/EM 进行数据挖掘。由于 SAS 提供了强大统计技术，使得 SAS/EM 成为最好的数据挖掘软件之一。SAS/EM 可以对 Oracle、Informix、Sybase 和 DB2 的数据集进行操作。实现神经网络、决策树、统计、预测、时间序列和关联等。

（2）SPSS/Clementine，同 SAS 一样，SPSS 是目前广泛使用的统计软件，功能强大，其一大优势是大多数的操作可以由图形界面完成。Clementine 具有丰富的数据操作能力。可实现神经网络、决策树、预测、统计和关联等。

（3）Oracle/Darwin，以数据库技术著称的 Oracle 公司从 Thinking Machine 公司获得

了 Darwin 产品来增强其数据挖掘功能。实现神经网络、k-邻近、决策树和预测等。

（4）IBM/Intelligent Miner，IBM 公司是世界上最强大的公司之一，其数据挖掘软件 Intelligent Miner 也是主流产品之一，它提供了基于 DB2 的数据操作能力，可实现神经网络、决策树、聚类、关联和序列模式及时间序列等。

（5）HNC/Database Mining Workstation，HNC 是成功的数据挖掘公司之一。它的 Database Mining Workstation（DMW）是一个在信用卡诈骗问题分析方面被广泛接受的神经网络工具。

（6）Angosss Software Corporation/Knowledge SEEKER，Angosss Software 的 Knowledge SEEKER 是一个决策树数据挖掘工具，技术比较成熟，提供了图形操作界面，易于操作。

以上对几个比较通用的数据挖掘软件作了简单的介绍，其目的主要是开阔读者的视野，为其今后在该方面的深入研究打下基础。由于篇幅的限制和本书的教学重点，对下面几节数据挖掘过程的实现，我们并不采用这几种软件而应用 Matlab 编制程序。

第二节 关 联 规 则

关联规则挖掘的研究是近几年研究较多的数据挖掘方法，在数据挖掘中得到广泛的应用。在数据挖掘的知识模式中，关联规则模式是比较重要的一种，是数据中一种简单但实用的规则。

一、关联规则的意义和度量

关联规则发现的主要对象是事务数据，在事务数据库中，考察一些涉及许多物品的事务：事务 1 中出现了物品甲，事务 2 中出现了物品乙，事务 3 中则同时出现了物品甲和乙。那么，物品甲和乙在事务中的出现相互之间是否有规律可循呢？在数据库的知识发现中，关联规则就是描述这种在一个事务中物品之间同时出现的规律的知识模式。更确切地说，关联规则通过量化的数字描述物品甲的出现对物品乙的出现有多大的影响，比如，在购买面包的顾客当中，有 90％的人同时购买了黄油。这些关联规则具有一定的商业价值。商场管理人员可以根据这些关联规则更好地规划商场，如把面包和黄油这样的商品摆放在一起，以促进销售。

设 $I = \{i_1, i_2, \cdots, i_m\}$ 是项的集合。设任务相关的数据 D 是数据库事务的集合，其中每个事务 T 是项的集合，使得 $T \subseteq I$。每个事务有一个标识符，称作 TID。设 A 是一个项集，事务 T 包含 A，即 $A \subseteq T$。关联规则是开始 $A \Rightarrow B$ 的蕴涵式，其中 $A \subset I, B \subset I$，并且 $A \cap B = \varnothing$。规则 $A \Rightarrow B$ 在事务集 D 中成立，具有支持度 S，其中 S 是 D 中事务包含 $A \cup B$ 的百分比，它是概率 $P(A \cup B)$。规则 $A \Rightarrow B$ 在事务集 D 中具有置信度 C，如果 D 中包含 A 的事务同时也包含 B 的百分比是 C，这是条件概率 $P(B|A)$，即

$$支持度(A \Rightarrow B) = P(A \cup B)$$
$$置信度(A \Rightarrow B) = P(B \mid A)$$

同时满足最小支持度阈值和最小置信度阈值的规则称作强规则。为方便，我们用

0%和100％之间的值而不是用 0 到 1 之间的值表示支持度和置信度。

项的集合称为项集。包含 k 个项的项集称为 k-项集。集合 {面包, 黄油} 是一个 2-项集。项集的出现频数是包含项集的事务数，简称为项集的频数或计数，项集满足最小支持度 min-sup，就是项集的出现频数大于或等于 min-sup 与 D 中事务总数的乘积。如果项集满足最小支持度，则称为频繁项集。频繁 k-项集的集合通常记作 L_k。

关联规则的挖掘是一个两步的过程：

（1）找出所有频繁项集：依定义，这些项集出现的频繁性至少和预定义的最小支持频数一样。

（2）由频繁项集产生强关联规则：根据定义，这些规则必须满足最小支持度和最小置信度。

二、关联规则挖掘的算法

关联规则挖掘的算法有很多种，如 Aprior 算法、抽样算法、DIC 算法等，这里我们主要介绍 Apriori 算法。Apriori 算法是一种最有影响的挖掘关联规则频繁项集的算法。它使用一种称作逐层搜索的迭代方法，k-项集用于探索 $(k+1)$-项集。首先，找出频繁 1-项集的集合，该集合记作 L_1，L_1 用于找频繁二项集的集合 L_2，而 L_2 用于找 L_3，如此下去，直到不能找到频繁 k-项集，找每个 L_k 需要一次数据库扫描。

为了提高频繁项集搜索的效率，首先给出一个重要的性质，这个性质叫 Apriori 性质。

Apriori 性质：频繁项集的所有非空子集都必须是频繁的。根据定义，如果项集 I 不满足最小支持阈值 min-sup，则 I 不是频繁的，即 $P(I)<$ min-sup。如果项 A 添加到 I，则结果项集即 $I \cup A$ 不可能比 I 更频繁出现。因此，$I \cup A$ 也不是频繁的，即 $P(I \cup A)<$ min-sup。

根据 Apriori 性质，将 Apriori 算法分成两步来理解，即连接和剪枝，它的核心思想是通过 L_{k-1} 找到 L_k。

（1）连接步：为找 L_k，通过 L_{k-1} 与自己连接产生候选 k-项集的集合，该候选项集的集合记 C_k，设 l_i 和 l_j（$i \neq j$）是 L_{k-1} 中的项集，记 $l_i[j]$ 表示 l_i 的第 j 项，假定事务或项集中的项按字典次序排序，执行连接 L_{k-1} 和 L_{k-1}，其中 L_{k-1} 的元素是可连接的，如果它们的前 $(k-2)$ 个项相同，即 L_{k-1} 的元素 $l_i \times l_j$（$i \neq j$）是可连接的，执行 L_{k-1} 中的项集 l_i 和 l_j 的项集的连接，如果

$$(l_i[1]=l_j[1]) \cap (l_i[2]=l_j[2]) \cap \cdots \cap (l_i[k-2]$$
$$=l_j[k-2]) \cap (l_i[k-1]<l_j[k-1])$$

则 l_i 和 l_j 连接产生的结果项集是 $l_i[1] \, l_i[2] \cdots l_i[k-1] \, l_j[k-1]$。对 L_{k-1} 中的任意两个项集连接就产生了候选 k-项集的集合 C_k。

（2）剪枝步：C_k 是 L_k 的超集，即它的成员可以是也可以不是频繁的，但所有的频繁 k-项集都包含在 C_k 中。扫描数据库，确定 C_k 中每个候选的计数，从而确定 L_k（即根据定义，计数值不小于最小支持度计数的所有候选是频繁的，从而属于 L_k）。然而，C_k 可能很大，这样所涉及的计算量就很大。为压缩 C_k，可使用 Apriori 性质：任何非

频繁的（$k-1$）-项集都不可能是频繁 k-项集的子集。因此，如果一个候选 k-项集的（$k-1$）-项子集不在 L_{k-1} 中，则该候选项集也不可能是频繁的，从而可以由 C_k 中删除。

表 5.2.1 某分店的事务数据

TID	项 IP 的列表
T100	I1, I2, I5
T200	I2, I4
T300	I2, I3
T400	I1, I2, I4
T500	I1, I3
T600	I2, I3
T700	I1, I3
T800	I1, I2, I3, I5
T900	I1, I2, I3

例 5.2.1 表 5.2.1 是一个分店的事务数据，数据库中有 9 个事务，试确定各项之间的关联关系。

解：用图 5.2.1 表示 Apriori 算法寻找 D 中频集项集的过程。

（1）在算法的第一层选代中，每个项都是候选 1-项集的集合 C_1 的成员，算法简单地扫描所有的事务，对每个项的出现次数计数。

（2）假定最小事务支持计数为 2（即 min-sup $= \dfrac{2}{9} = 22\%$）。可以确定频繁 1-项集的集合 L_1，它由具有最小支持度的候选 1-项集组成。

（3）为找到频繁 2-项集的集合 L_2，使用 $L_1 \times L_1$ 产生候选 2-项集的集合 C_2。C_2 由 $C_{L_1}^2$ 个 2-项集组成。

（4）扫描 D 中事务，计算 C_2 中每个候选项集的支持计数。

（5）确定频繁 2-项集的集合 L_2，它由具有最小支持度的 C_2 中的候选 2-项集组成。

（6）令 $C_3 = L_2 \times L_2$，则产生了候选 3-项集

$C_3 = \{\{I1, I2, I3\}, \{I1, I2, I5\}, \{I1, I3, I5\}, \{I2, I3, I4\}, \{I2, I3, I5\}, \{I2, I4, I5\}\}$。

根据 Apriori 性质，频繁项集的所有子集必须是频繁的，所以可以确定后 4 个候选项集不可能是频繁的。因此，把它们由 C_3 中删除，这样在此后扫描 D 确定 L_3 时就不必再求它们的计数值。

（7）扫描 D 中事务，以确定 L_3，它由具有最小支持度的 C_3 中的候选 3-项集组成。

（8）使用 $L_3 \times L_3$ 产生候选 4-项集的集合 C_4，产生结果 $\{\{I1, I2, I3, I5\}\}$，这个项集被剪去，因为它的子集 $\{I2, I3, I5\}$ 不是频繁的。所以 $C_4 = \varnothing$，因此，计算终止，找出了所有的频繁项集。

以上的计算过程见图 5.2.1。例 5.2.1 的求解编写 Matlab 函数文件 Apriori.m，见附录 1。

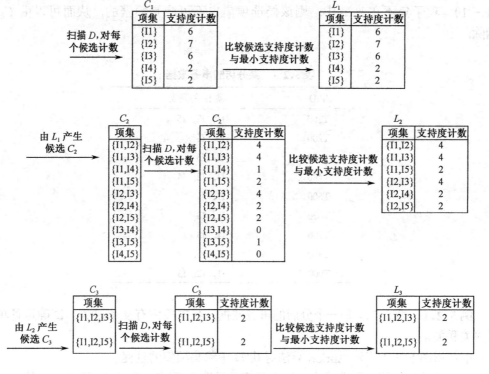

图 5.2.1 候选项集和频繁项集的产生，最小支持计数为 2

三、由频繁项集产生关联规则

一旦由数据库 D 中的事务找出频繁项集，由它们产生强关联规则是直截了当的（满足最小支持度和最小置信度）。

对于置信度，可以用下式：

$$置信度(A \Rightarrow B) = P(B \mid A) = \frac{支持数(A \cup B)}{支持数(A)}$$

其中支持数（$A \cup B$）是包含项集（$A \cup B$）的事务数，支持数（A）是包含项集（A）的事务数。

例 5.2.2 基于表 5.2.1 的事务数据库，假定数据包含频繁项集 $l = \{I1, I2, I5\}$，由此可以产生哪些强关联规则。

解：l 的非空子集有 $\{I1\}$，$\{I2\}$，$\{I5\}$，$\{I1, I2\}$，$\{I1, I5\}$，$\{I2, I5\}$ 可得如下关联规则和置信度：

$$I1 \wedge I2 \Rightarrow I5, \quad 置信度 = \frac{2}{4} = 50\%$$

$$I1 \wedge I5 \Rightarrow I2, \quad 置信度 = \frac{2}{2} = 100\%$$

$$I2 \wedge I5 \Rightarrow I1, \quad 置信度 = \frac{2}{2} = 100\%$$

$$I1 \Rightarrow I2 \wedge I5, \quad 置信度 = \frac{2}{6} = 33\%$$

$$I2 \Rightarrow I1 \wedge I5, \quad 置信度 = \frac{2}{7} = 29\%$$

$$I5 \Rightarrow I1 \wedge I2, \quad 置信度 = \frac{2}{2} = 100\%$$

如果最小置信度阈值为70%，则只有2、3和最后一个规则可以输出，因为只有这些是产生的强规则。

就例5.2.2的求解编写Matlab函数文件reguler.m：

```
function reguler(A)
%A 事务数据的矩阵表示
%A= [1 1 0 0 1；0 1 0 1 0；0 1 1 0 0；1 1 0 1 0；1 0 1 0 0；0 1 1 0 0；1 0
  0 1 0；1 1 1 0 1；1 1 1 0 0];
a=1；b=2；c=5；Ia=0；Ib=0；Ic=0；Iab=0；Ibc=0；Iac=0；Iabc=0；
[m，n] =size (A)；
for i=1：m
    if A (i, a) ==1,
    Ia=Ia+1;
end
    if A (i, b) ==1,
    Ib=Ib+1;
end
    if A (i, c) ==1,
    Ic=Ic+1;
end
    if A (i, a) ==1&&A (i, b) ==1,
    Iab=Iab+1;
end
  if A (i, a) ==1&&A (i, c) ==1,
    Iac=Iac+1;
end
  if A (i, c) ==1&&A (i, b) ==1,
    Ibc=Ibc+1;
end
  if A (i, a) ==1&&A (i, b) ==1&&A (i, c) ==1,
    Iabc=Iabc+1;
end
end
IaIb _ Ic=Iabc/Iab
IaIc _ Ib=Iabc/Iac
```

$$IbIc \_ Ia = Iabc/Ibc$$
$$Ia \_ IbIc = Iabc/Ia$$
$$Ib \_ IaIc = Iabc/Ib$$
$$Ic \_ IbIc = Iabc/Ic$$

第三节 决策树方法

一、决策树的基本概念

决策树是以实例为基础的归纳学习算法，它着眼于从一组无次序、无规则的实例中抽象出决策树表示形式的分类规则。它采用自顶向下的递归方式，在决策树的内部结点进行属性的比较并根据不同的属性值判别从该结点向下的分支，在决策树的叶结点得到结论。所以从根到叶结点的一条路径就对应着一条析取规则，整棵决策树就对应着一组析取表达式规则。基于决策树学习算法的一个最大的优点，就是它在学习过程中不需要使用者了解很多背景知识，只要训练例子能够用属性-结论式的方式表达出来，就能使用该算法来学习。

一棵决策树的内部结点是属性或属性的集合，叶结点是需要学习划分的类。当经过一批训练实例集的训练产生一棵决策树，决策树可以根据属性的取值对一个未知实例进行分类。使用决策树对实例进行分类的时候，由树根开始对该对象的属性逐渐测试其值，并且顺着分支向下走，直至到达某个叶结点，此叶结点代表的类即为该对象所处的类。

二、ID3 算法

传统的决策树算法主要有 Hunt 所提出的 CLS 学习算法和 Quinlan 的 ID3 算法，以及这些算法的改进。由于篇幅有限，这里只介绍 ID3 算法。

在决策树的各种算法中，最有影响的是 Quinlan 于 1979 年提出的以信息熵的下降速度作为选取测试属性的标准的 ID3 算法，信息熵的下降也就是信息不确定性的下降。

（一）ID3 算法的基本原理

1948 年 Shannon 提出并发展了信息论，研究以数学的方法度量并研究信息通过通信后对信源中各种符号出现的不确定程度的消除来度量信息量的大小，提出了一系列概念。

（1）自信息量：在收到 a_i 之前，收信者对信源发出的 a_i 的不确定性定义为信息符号 a_i 的自信息量 $I(a_i)$。而 $I(a_i) = -\lg P(a_i)$，其中 $P(a_i)$ 为信源发出 a_i 的概率。

（2）信息熵：自信息量只能反映符号的不确定性，而信息熵可以用来度量整个信源 Z 整体的不确定性，定义如下：

$$H(Z) = P(a_1)I(a_1) + P(a_2)I(a_2) + \cdots + P(a_r)I(a_r)$$
$$= -\sum_{i=1}^{r} P(a_i)\lg P(a_i) \tag{5.3.1}$$

其中 r 为信源 Z 所有可能的符号数，即用信源每发一个符号所提供的平均自信息量来定义信息熵。

(3) 条件熵: 如果信源 Z 与随机变量 Y 不是相互独立的, 收信者收到信息 Y, 那么, 用条件熵 $H(Z|Y)$ 来度量收信者在收到随机变量 Y 之后, 对随机变量 Z 仍然存在的不确定性。设 Z 对应信源符号 a_i, Y 对应信源符号 b_j, $P(a_i|b_j)$ 为当 Y 为 b_j 时 Z 为 a_i 的条件概率, 则有

$$H(Z \mid Y) = -\sum_{i=1}^{r}\sum_{j=1}^{s} P(a_i b_j)\lg P(a_i \mid b_j) \tag{5.3.2}$$

(4) 平均互信息量: 用它来表示信号 Y 所能提供的关于 Z 的信息量的大小, 用 $I(Z, Y)$ 表示

$$I(Z, Y) = H(Z) - H(Z \mid Y) \tag{5.3.3}$$

在树的每一个结点上使用信息增益度量选择测试属性, 这种度量称作属性选择度量或分裂的优良性度量。选择具有最高信息增益的属性作为当前结点的测试属性。该属性使得对结果划分中的样本分类所需的信息量最小, 并反映划分的最小随机性或不确定性, 这种应用信息理论的方法使得一个对象分类所需的期望测试数目达到最小, 并确保找到一棵简单的树。

(二) 信息论在决策树学习中的应用

设此时训练实例集为 X, 目的是将训练实例分成为 n 类, 属于第 i 类的训练实例个数为 C_i, 则 $P(C_i) = \dfrac{C_i}{|X|}$。

决策树对划分 C 的不确定程度为

$$H(X, C) = -\sum_{i=1}^{n} P(C_i)\lg P(C_i) \tag{5.3.4}$$

一般情况下 $H(X, C)$ 记为 $H(X)$。

$$\begin{aligned} H(X \mid a) &= -\sum_i \sum_j P(C_i, a = a_j)\lg P(C_i \mid a = a_j) \\ &= -\sum_i \sum_j P(a = a_j)P(C_i \mid a = a_j)\lg P(C_i \mid a = a_j) \\ &= -\sum_j P(a = a_j)\sum_i P(C_i \mid a = a_j)\lg P(C_i \mid a = a_j) \end{aligned} \tag{5.3.5}$$

决策树学习过程就是使得决策树划分的不确定性逐渐缩小的过程。若选择测试属性 a 进行测试, 在得知 $a = a_j$ 的情况下属于第 i 类的实例个数为 C_{ij} 个。记 $P(C_i, a = a_j) = \dfrac{C_{ij}}{|X|}$, 即 $P(C_i, a = a_j)$ 为在测试属性 a 的取值为 a_j 时它属于第 i 类的概率。此时决策树对分类的不确定性就是训练实例集对属性 X 的条件熵。

$$H(X_j) = -\sum_i P(C_i \mid a = a_i)\lg P(C_i \mid a = a_j) \tag{5.3.6}$$

又因为在选择测试属性 a 后伸出的每个 $a = a_j$ 叶结点 X_j 对于分类信息的信息熵为

$$H(X \mid a) = \sum_j P(a = a_j)H(X_j) \tag{5.3.7}$$

属性 a 对于分类提供的信息量为

$$I(X, a) = H(X) - H(X \mid a) \tag{5.3.8}$$

式 (5.3.7) 的值越小则式 (5.3.8) 的值越大，说明选择测试属性 a 对于分类提供的信息越大，选择 a 之后对分类的不确定性程度越小。

例 5.3.1 表 5.3.1 给出一个可能带有噪音的数据集合。它有四个属性：天气、温度、湿度和风力。它被分为两类 P 和 N，分别为正例与反例，试构造决策树，将数据进行分类。

表 5.3.1 样本数据集

序号 \ 属性	天气	温度	湿度	风力	分类
1	多云	热	高	无	N
2	多云	热	高	很大	N
3	多云	热	高	中等	N
4	晴	热	高	无	P
5	晴	热	高	一般中等	P
6	雨	温暖	高	无	N
7	雨	温暖	高	一般中等	N
8	雨	热	一般	无	P
9	雨	凉	一般	一般中等	N
10	雨	热	一般	很大	N
11	晴	凉	一般	很大	P
12	晴	凉	一般	一般中等	P
13	多云	温暖	高	无	N
14	多云	温暖	高	一般中等	N
15	多云	凉	一般	无	P
16	多云	凉	一般	一般中等	P
17	雨	温暖	一般	无	N
18	雨	温暖	一般	一般中等	N
19	多云	温暖	一般	一般中等	P
20	多云	温暖	一般	很大	P
21	晴	温暖	高	很大	P
22	晴	温暖	高	中等	P
23	晴	热	一般	无	P
24	雨	温暖	高	很大	N

解：因为初始时刻属于 P 类和 N 类的实例个数均为 12 个，所以初始时刻的熵值为

$$H(X) = -\frac{12}{24}\lg\frac{12}{24} - \frac{12}{24}\lg\frac{12}{24} = 1$$

如果选取天气属性作为测试属性，则条件熵为

$$H(X \mid 天气) = \frac{9}{24}\left(-\frac{4}{9}\lg\frac{4}{9} - \frac{5}{9}\lg\frac{5}{9}\right) + \frac{8}{24}\left(-\frac{1}{8}\lg\frac{1}{8} - \frac{7}{8}\lg\frac{7}{8}\right)$$

$$+ \frac{7}{24}\left(-\frac{7}{7}\lg\frac{7}{7}\right) = 0.5528$$

如果选取温度属性作为测试属性，则条件熵为

$$H(X \mid \text{温度}) = \frac{8}{24}\left(-\frac{4}{8}\lg\frac{4}{8} - \frac{4}{8}\lg\frac{4}{8}\right) + \frac{11}{24}\left(-\frac{4}{11}\lg\frac{4}{11} - \frac{7}{11}\lg\frac{7}{11}\right)$$
$$+ \frac{5}{24}\left(-\frac{4}{5}\lg\frac{4}{5} - \frac{1}{5}\lg\frac{1}{5}\right) = 0.9172$$

如果选取湿度属性作为测试属性，则条件熵为

$$H(X \mid \text{湿度}) = \frac{12}{24}\left(-\frac{4}{12}\lg\frac{4}{12} - \frac{8}{12}\lg\frac{8}{12}\right) + \frac{12}{24}\left(-\frac{4}{12}\lg\frac{4}{12} - \frac{8}{12}\lg\frac{8}{12}\right)$$
$$= 0.9183$$

如果选取风力属性作为测试属性，则条件熵为

$$H(X \mid \text{风力}) = \frac{8}{24}\left(-\frac{4}{8}\lg\frac{4}{8} - \frac{4}{8}\lg\frac{4}{8}\right) + \frac{6}{24}\left(-\frac{3}{6}\lg\frac{3}{6} - \frac{3}{6}\lg\frac{3}{6}\right)$$
$$+ \frac{10}{24}\left(-\frac{5}{10}\lg\frac{5}{10} - \frac{5}{10}\lg\frac{5}{10}\right) = 1$$

可以看出 $H(X \mid \text{天气})$ 最小，有关天气的信息对于分类有最大的帮助，提供最大的信息量，即 $I(X, \text{天气})$ 最大，所以选择天气作为测试属性，并且可以看出 $H(X) = H(X \mid \text{风力})$，即 $I(X, \text{风力}) = 0$，有关风力的信息不能提供任何分类信息。选择天气作为测试属性之后将训练实例分为三个子集，生成三个结点，对每个结点依次利用上面过程生成决策树（见图 5.3.1）。

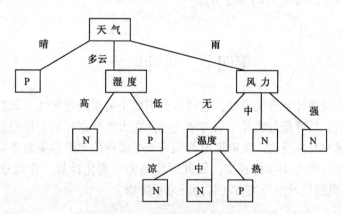

图 5.3.1 所生成的决策树

就例 5.3.1 中条件熵的计算编写 Matlab 函数文件 eg.m：
%s 表示属性对于分类的统计数据矩阵，如天气所对应的 s= [4 1 7; 5 7 0]；
%主函数 eg.m；子函数 a.m；子函数 b.m。

```
function eg
m=12;n=12;r=m+n;
s=input('s=');
chushang=a(m,n)
tiaojianshang=b(s,r)
```

```
function f = a(m, n)
if m = =0||n = =0
    f=0;
else
f= - m/(m+n) * log2(m/(m+n)) - n/(m+n) * log2(n/(m+n));
end
function g = b(s, r)
[p, q] = size(s);
if q = =2
    g = (s(1, 1) + s(2, 1))/r * a(s(1, 1), s(2, 1)) + (s(1, 2) + s(2, 2))/r * a(s
    (1, 2), s(2, 2));
elseif q = =3
    g = (s(1, 1) + s(2, 1))/r * a(s(1, 1), s(2, 1)) + (s(1, 2) + s(2, 2))/r * a(s
    (1, 2), s(2, 2)) + (s(1, 3) + s(2, 3))/r * a(s(1, 3), s(2, 3));
elseif q = =4
    g = (s(1, 1) + s(2, 1))/r * a(s(1, 1), s(2, 1)) + (s(1, 2) + s(2, 2))/r * a(s
    (1, 2), s(2, 2)) + (s(1, 3) + s(2, 3))/r * a(s(1, 3), s(2, 3)) + (s(1, 4) + s(2,
    4))/r * a(s(1, 4), s(2, 4));
end
```

第四节　贝叶斯分类

贝叶斯分类是统计学分类方法，它可以预测成员关系的可能性，如给定样本属于一个特定类的概率。贝叶斯分类基于贝叶斯定理，在大型数据库的数据挖掘中，贝叶斯分类表现出高准确率与高速度。贝叶斯分类假定一个属性值对给定类的影响独立于其他属性的值，这一假定称为类条件独立，做此假定是为了简化计算，在此意义下称为"朴素"，因此，这里的贝叶斯分类方法称为朴素贝叶斯。

一、贝叶斯定理

设 Z 是类标号未知的数据样本，设 H 为某种假定：数据样本 Z 属于某特定的类 C。对于分类问题，希望确定 $P(H|Z)$——给定观测数据样本 Z，假定 H 成立的概率。

$P(H|Z)$ 是后验概率，或称条件 Z 下 H 的后验概率。例如，假定数据样本域由水果组成，用它们的颜色和形状描述，假定 Z 表示红色和圆的，H 表示假定 Z 是苹果，则 $P(H|Z)$ 反映当我们看到 Z 是红色并且是圆的时，对 Z 是苹果的确信程度。$P(H)$ 是先验概率，它是任意给定的数据样本为苹果的概率。后验概率 $P(H|Z)$ 比先验概率 $P(H)$ 基于更多的信息。

$P(Z|H)$ 是条件 H 下 Z 的后验概率，也就是说，它是已知 Z 是苹果，Z 是红色并且是圆的概率。$P(Z)$ 是 Z 的先验概率，它是由水果取出一个数据样本是红色和圆的的概率。

由 $P(Z), P(H)$ 和 $P(Z|H)$ 计算后验概率 $P(H|Z)$ 的方法为贝叶斯定理, 它的公式为

$$P(H \mid Z) = \frac{P(Z \mid H)P(H)}{P(Z)}$$

二、朴素贝叶斯分类

朴素贝叶斯分类的计算过程如下:

(1) 每个数据样本用一个 n 维向量 $Z = \{z_1, z_2, \cdots, z_n\}$ 表示, 分别描述对 n 个属性 A_1, A_2, $\cdots$, A_n 样本的 n 个度量。

(2) 假定有 m 个类 C_1, C_2, $\cdots$, C_m。给定一个未知的数据样本 Z (没有类标号), 分类法将预测 Z 属于具有最高后验概率的类。也就是说, 朴素贝叶斯分类将未知的样本分配给类 C_i, 当且仅当

$$P(C_i \mid Z) > P(C_j \mid Z), \qquad 1 \leqslant j \leqslant m, \qquad j \neq i$$

$P(C_i|Z)$ 最大的类 C_i 称为最大后验假定。依贝叶斯定理有

$$P(C_i \mid Z) = \frac{P(Z \mid C_i)P(C_i)}{P(Z)}$$

(3) 由于 $P(Z)$ 对于所有类为常数, 只需要 $P(Z|C_i)P(C_i)$ 最大即可。如果类的先验概率未知, 则假定这些类是等概率的, 即 $P(C_1) = P(C_2) = \cdots = P(C_m)$。并且据此只对 $P(C_i|Z)$ 最大化, 否则, 最大化 $P(Z|C_i)P(C_i)$。类的先验概率可以用 $P(C_i) = S_i/S$ 计算, 其中 S_i 是类 C_i 中的训练样本数, 而 S 是训练样本总数。

(4) 给定具有许多属性的数据集, $P(Z|C_i)$ 的计算可能比较复杂。假定属性值相互条件独立, 即在属性之间, 不存在依赖关系, 因此

$$P(Z \mid C_i) = \sum_{k=1}^{n} P(z_k \mid C_i)$$

概率 $P(z_1|C_i), P(z_2|C_i), \cdots, P(z_n|C_i)$ 可以由训练样本估计其值, 其中:

如果 A_k 是分类属性, 则 $P(z_k|C_i) = S_{ik}/S_i$, 其中 S_{ik} 是在属性 A_k 上具有的类 C_i 的训练样本数, 而 S_i 是 C_i 中的训练样本数。

(5) 对未知样本 Z 分类, 对每个类 C_i, 计算 $P(Z|C_i)P(C_i)$ 样本 Z 被分配到类 C_i, 当且仅当

$$P(Z \mid C_i)P(C_i) > P(Z \mid C_j)P(C_j), \quad 1 \leqslant j \leqslant m, j \neq i$$

例 5.4.1 表 5.4.1 是某电脑商场顾客是否购买电脑的训练集。这里要求根据顾客的年龄、收入水平、是否学生和信誉程度确定某未知顾客是属于购买电脑类, 还是属于不购买电脑类。未知顾客的年龄小于 30 岁, 收入中等、学生、信誉程度为较好。

解: 分类标号有两个属性, 设 C_1 为 "是" (买电脑), C_2 为 "否" (不买电脑), 我们希望分类的未知样本为

$Z = (年龄 = "30", 收入 = "中等", 学生 = "是", 信誉程度 = "较好")$

最大化 $P(Z|C_i)P(C_i)$, $i = 1, 2$。每个类的先验概率 $P(C_i)$ 可以根据训练样本计算

$$P(买电脑 = "是") = \frac{9}{14} = 0.643$$

$$P(买电脑 = "否") = \frac{5}{14} = 0.357$$

表 5.4.1 某电脑商场顾客基本信息数据

序号	年龄	收入	学生	信誉程度	分类：是否买电脑
1	≤30	高	否	较好	否
2	≤30	高	否	优秀	否
3	31至40	高	否	较好	是
4	>40	中等	否	较好	是
5	>40	低	是	较好	是
6	>40	低	是	优秀	否
7	31至40	低	是	优秀	是
8	≤30	中等	否	较好	否
9	≤30	低	是	较好	是
10	>40	中等	是	较好	是
11	≤30	中等	是	优秀	是
12	31至40	中等	否	优秀	是
13	31至40	高	是	较好	是
14	>40	中等	否	优秀	否

为计算 $P(Z|C_i)$，$i = 1, 2$，首先计算下面的条件概率：

$$P(年龄 = "< 30" \mid 买电脑 = "是") = \frac{2}{9} = 0.222$$

$$P(年龄 = "< 30" \mid 买电脑 = "否") = \frac{3}{5} = 0.600$$

$$P(收入 = "中等" \mid 买电脑 = "是") = \frac{4}{9} = 0.444$$

$$P(收入 = "中等" \mid 买电脑 = "否") = \frac{3}{5} = 0.400$$

$$P(学生 = "是" \mid 买电脑 = "是") = \frac{6}{9} = 0.667$$

$$P(学生 = "是" \mid 买电脑 = "否") = \frac{1}{5} = 0.200$$

$$P(信誉 = "较好" \mid 买电脑 = "是") = \frac{6}{9} = 0.667$$

$$P(信誉 = "较好" \mid 买电脑 = "否") = \frac{2}{5} = 0.400$$

使用以上概率，得到

$$P(Z \mid 买电脑 = "是") = 0.222 \times 0.444 \times 0.667 \times 0.667 = 0.044$$
$$P(Z \mid 买电脑 = "否") = 0.600 \times 0.400 \times 0.200 \times 0.400 = 0.019$$
$$P(Z \mid 买电脑 = "是")P(买电脑 = "是") = 0.044 \times 0.643 = 0.028$$
$$P(Z \mid 买电脑 = "否")P(买电脑 = "否") = 0.019 \times 0.357 = 0.007$$

因此，对于样本区，朴素贝叶斯分类预测为买电脑＝"是"。

编写求解例 5.4.1 的 Matlab 程序文件 Bayes.m：

```
%A-基本信息数据的状态矩阵,如对于属性是否学生,规定是为1,否为0;
A=[-1 1 0 0 0;-1 1 0 1 0;0 1 0 0 1;1 0 0 0 1;1 -1 0 1 0 1;1 -1 1 1 0;
   0 -1 1 1 1;-1 0 0 0 0;-1 -1 1 0 1;1 0 1 0 1;-1 0 1 1 1;0 0 0 1 1;
   0 1 1 0 1;1 0 0 1 0];
[m,n]=size(A);
s=sum(A(:,n));t=m-s;p1=s/m;p2=t/m;
a=input('未知样本数组 a=');
B=[];
u=0;v=0;
for j=1:length(a)
    u=0;v=0;
for i=1:m
    if a(1,j)==A(i,j)&&A(i,n)==1
        u=u+1;
    elseif a(1,j)==A(i,j)&&A(i,n)==0
        v=v+1;
    end
end
    B(j,:)=[u/s,v/t];
end
B;
[m1,n1]=size(B);i=1;
while i<m1+1
q1=p1*B(i,1);p1=q1;q2=p2*B(i,2);p2=q2;
i=i+1;
end
P1=p1
P2=p2
if P1>P2
    disp('买电脑=是')
else
    disp('买电脑=否')
end
```

习 题 五

1. 已知一个简单的事务数据库 X 如表 1 所示。

表1　一个简单的事务数据库 X

TID	项 I_p 列表
T01	A, B, C, D
T02	A, C, D, F
T03	C, D, E, G, A
T04	A, D, F, B
T05	B, C, G
T06	D, F, G
T07	A, B, G
T08	C, D, F, G

使用支持度＝25％，置信度＝60％的阈值找出：

1）数据库 X 中所有频繁项集。

2）数据库 X 中的强关联规则。

2．已知事务数据库 Y 如表2所示。

表2　事务数据库 Y

TID	项 I_p 列表
T01	A1, B1, C2
T02	A2, C1, D1
T03	B2, C2, E2
T04	B1, C1, E1
T05	A3, C3, E2
T06	C1, D2, E2

使用支持度＝30％，置信度＝60％的阈值找出：

1）数据库 Y 中所有频繁项集。

2）数据库 Y 中的强关联规则。

3．表3给出了一个有关天气数据库的训练数据集。它有四个属性：天气、温度、湿度和有风。类别属性是根据天气情况决定是否打高尔夫球，试构造决策树，将数据进行分类。

表3　天气数据库的训练数据集

序号 属性	天 气	温 度	湿 度	有 风	适合运动
1	晴	85	85	无	不适合
2	晴	80	90	有	不适合
3	多云	83	78	无	适合
4	有雨	70	96	无	适合
5	有雨	68	80	无	适合
6	有雨	65	70	有	不适合

序号 \ 属性	天气	温度	湿度	有风	适合运动
7	多云	64	65	有	适合
8	晴	72	95	无	不适合
9	晴	69	70	无	适合
10	有雨	75	80	无	适合
11	晴	75	70	有	适合
12	多云	72	90	有	适合
13	多云	81	75	无	适合
14	有雨	71	80	有	不适合

4. 表4给出了一个有关股票市场分析的训练数据集。它有三个属性：年龄、竞争力和类型。类别属性是收益的上升或下降，试构造决策树，将数据进行分类。

表4 股票训练数据集

序号 \ 属性	年龄	竞争力	类型	收益
1	老年	有	软件	下降
2	老年	无	软件	下降
3	老年	无	硬件	下降
4	中年	有	软件	下降
5	中年	有	硬件	下降
6	中年	无	硬件	上升
7	中年	无	软件	上升
8	青年	有	软件	上升
9	青年	无	硬件	上升
10	青年	无	软件	上升

5. 表5由雇员数据库的训练数据组成，对于给定的行，数目表示各个属性在该行上具有给定值的元组数。设工资是类标号属性。给定一个数据样本，它在属性部门，级别和年龄上的值分别为"系统"，"低级"和"20…24"。该样本的工资的朴素贝叶斯分类是什么？

表5　雇员数据库的训练数据集

部门	级别	年龄	工资/元	数目
销售	高级	31…35	4600…5000	30
销售	低级	26…30	2600…3000	40
销售	低级	31…35	3100…3500	40
系统	低级	21…25	4600…5000	20
系统	高级	31…35	6600…7000	5
系统	低级	26…30	4600…5000	3
系统	高级	41…45	6600…7000	3
市场	高级	36…40	4600…5000	10
市场	低级	31…35	4100…4500	4
内务	高级	46…50	3600…4000	4
内务	低级	26…30	2600…3000	6

第六章 综合实验

在完成前五章基础内容学习之后，读者已掌握了数学实验的基础知识和基本方法。本章将以实例的形式讲述综合数学实验，这里所选用的实验大部分来自与农业生产和科研实践，具有很强的实际背景。通过本章的学习可以加强学生的综合实验能力，并加深学生对数学应用的理解。

实验一　应用蒙特卡洛方法对粮食产量的模拟

实验目的：掌握蒙特卡洛的基本原理及其计算机程序。

实验内容：应用 SPSS 建立粮食产量预测的非线性回归模型，应用蒙特卡洛方法完成对粮食产量变化规律的模拟，并编写 Matlab 程序。

蒙特卡洛（Monte Carlo）方法也称为随机模拟方法或统计试验方法，它的基本思想是，为了判别预测对象的未来发展，首先建立一个概率模型或随机过程，使它的参数等于问题的解，然后通过对模型或过程的观察抽样试验，来计算所求参数的统计特征，最后给出所求解的近似值，解的精度可以用估计值的标准误差来表示。该方法在工业、农业和社会科学等各个领域都有很广泛的应用。应用蒙特卡洛方法对粮食单产进行预测，可以避免其他方法在预测粮食产量时所产生的只反映粮食单产的变化趋势，而不能表示出气候等自然因素对粮食单产的影响，增加对粮食产量预测的准确性。

一、建立预测基本模型

影响农作物产量的因素很多，但可以分为两大类，一类是确定性因素，如施肥、灌溉、农技水平等；另一类是随机因素的影响，如气候等。因此，粮食产量预测模型可以表示为

$$Y(t) = R(t) \cdot Y_d(t) \tag{6.1.1}$$

其中 $Y_d(t)$——作物产量函数的确定性趋势部分，呈递增趋势。

$R(t)$——作物产量函数的随机影响(主要是气候部分)，称为随机修正因子。

$$Y(t) = (t \text{ 期实际产量水平})/(t \text{ 期期望产量水平}) \tag{6.1.2}$$

$R(t)$ 的取值决定于气候的变化情况。按照该地区气候变化的统计规律及作物产量变化的统计规律，可应用蒙特卡洛方法，在计算机上模拟仿真使 $R(t)$ 得以具体实现。

二、确定基本趋势函数 $Y_d(t)$

利用黑龙江省创业农场的水稻生产统计数据（见表 6.1.1），应用 SPSS 建立该地区的水稻产量的基本变化趋势方程。根据种群生长的基本规律，我们认为水稻产量的变化符合 Logistic 模型，其模型的基本形式为

$$Y_d(t) = \frac{a}{1 + be^{-rt}} \qquad (6.1.3)$$

表6.1.1　历年水稻单产　　　　　　　　　　　　单位：kg/hm²

年份	时间 t/年	产量	年份	时间 t/年	产量	年份	时间 t/年	产量
1975	0	1830	1984	9	2250	1993	18	5595
1976	1	1650	1985	10	1740	1994	19	6075
1977	2	1935	1986	11	2295	1995	20	7050
1978	3	1335	1987	12	2025	1996	21	7830
1979	4	1635	1988	13	3555	1997	22	8040
1980	5	1470	1989	14	3810	1998	23	7425
1981	6	1350	1990	15	4485	1999	24	8130
1982	7	1245	1991	16	3915	2000	25	8340
1983	8	2490	1992	17	4785			

　　取 1975 年为时间的起点，也就是 $t=0$，以下时间以此类推。将时间序列和产量序列输入到 SPSS 的数据窗口中，将鼠标移到主菜单中的 Analyze，出现二级下拉菜单，再将鼠标移至 Regression，出现三级菜单，点击 Nonlinear，出现 Regression Nonlinear 对话框，按照对话框的提示确定自变量和函数形式以及参数的初值，点击 OK 按钮即可完成计算（见图6.1.1）。

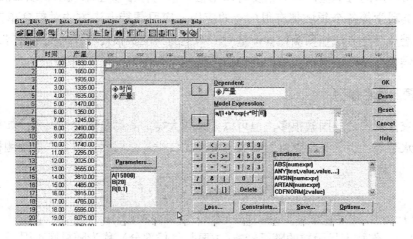

图6.1.1　SPSS数据窗口

　　计算结果：$a = 16570.13$，$b = 18.92$，$r = 0.1235$，则

$$Y_d(t) = \frac{16570.13}{1 + 18.92e^{-0.1235t}} \qquad (6.1.4)$$

$$F(3, 23) = 514 > F_{0.01}(3, 23) = 4.76$$

可见，结果极其显著。

三、应用蒙特卡洛方法的修正

$Y_d(t)$ 仅是在一定意义上对作物产量变化趋势的描述，它没有描述气候等随机因素如何影响作物产量，以及这些随机因素影响的规律是怎样的。因而 $Y_d(t)$ 是不完善的，有必要进行修正，修正的根本是要找出历史产量的随机波动规律，即确定修正因子 $R(t)$。

$R(t)$ 的取值是一个随机过程，它首先取决于气候的变化，气候的变化本身也是一个随机过程。这里假定第 $t+1$ 年的天气与第 t 年的天气有一定联系，即假定天气的变化为一重马尔可夫链，根据该地区 1984～1999 年间气候的统计资料（见表 6.1.2），计算积温的平均值为 2664，标准差为 166；降水的平均值为 438，标准差为 115。将气候分为三个状态，即好年、平年、差年，而降水的变化对水稻产量的影响不大，只有在发生洪水的时候才会影响水稻的产量，从 1984 年到 1999 年并没有发生洪水；积温对水稻产量的影响较大，我们规定如果积温与平均值的差大于标准差，这样的年份为好年；平均值与积温的差大于标准差，这样的年份为差年；其他年份为平年。据此得到一重转移概率矩阵（见表 6.1.3）。

表 6.1.2　创业农场气象统计资料

年份	积温/℃	降水 (5～9 月 mm)	年成	年份	积温/℃	降水 (5～9 月 mm)	年成
1984	2753	425	平年	1992	2388	398	差年
1985	2782	576	平年	1993	2723	719	平年
1986	2601	411	平年	1994	2691	579	平年
1987	2459	351	差年	1995	2731	326	平年
1988	2815	447	平年	1996	2877	407	好年
1989	2495	341	差年	1997	2570	395	平年
1990	2564	512	平年	1998	2984	423	好年
1991	2732	458	平年	1999	2464	238	差年

表 6.1.3　气候变化转移概率

	好年	平年	差年
好年	0.0	0.5	0.5
平年	0.2	0.5	0.3
差年	0	1.0	0

随机因子对应于每种收成状态的取值与年成有关，对应值的确定如表 6.1.4 所示。

表 6.1.4　$R(t)$ 的取值

作物 ＼ 收成	好年	平年	差年
水稻	1.21	1.00	0.9

$R(t)$ 的每次具体取值是不确定的，它服从前面描述的概率分布，为了对实际系统模拟仿真，需要一系列模拟事件，这些模拟事件在统计意义上与实际系统的运转规律相一致。以上模拟试验是在计算机上进行的；在计算机上建立如下统计模型：计算机产生 $(0, 1)$ 区间均匀分布的随机数。把区间 $(0, 1)$ 按气候状况分成三个相应气候状态出现的概率，例如，第一年为好年转向第二年为好年、平年、差年的概率分别为 0.0682、0.3864、0.5454，那么把 $(0, 1)$ 区间按 0.0682:0.3864:0.5454 的比例分为三个子区间，即可满足上述要求。这样给出一个随机数，依其落在不同子区间即可确立相应的气候状态。其模拟过程如图 6.1.2 所示。

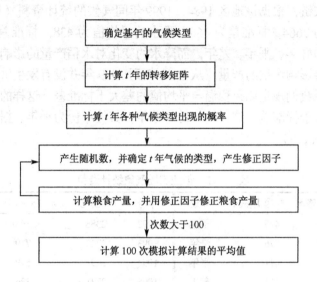

图 6.1.2　作物产量预测模拟计算过程

因此，只要给定基年的状态，即可依次计算下去，整个过程是递推的。模拟计算通过计算机进行。进行一次模拟计算就犹如对实际系统进行一次仿真实验，在一定的精度范围内，这种实验与实际系统的运动在统计的意义上是等价的，进行 100 次模拟计算，最后取统计平均得到的预测值，基于已有的资料分析，作物产量的预测趋势是合理的，在此基础上即可对水稻单产的未来值进行预测，作为结构优化的根据。模拟结果见图 6.1.3。

Matlab 模拟计算程序如下：

首先建立产量预测模型的函数文件model.m：

```
% yy 表示产量
% t 表示时间 t=年份-1975
function yy=model(t)
yy=16570/(1+18.92*exp(-0.12*t))
```

在此基础上, 编写模拟程序：

```
% x 时间序列
% a 实际产量序列
% p 转移矩阵
```

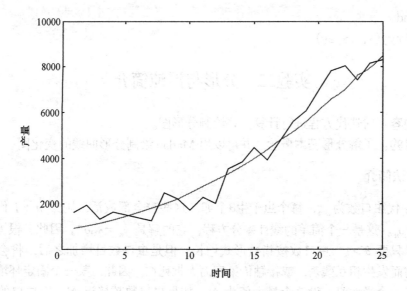

图 6.1.3　模拟结果与实际值的对比

```
% R 修正因子
% av 模拟后产量的平均值
x=[1 2 3 4 5 6 7 8 9 10 11 12 13 14 15 16 17 18 19 20 21 22 23 24 25]';
a=[1650 1935 1335 1635 1470 1350 1245 2490 2250 1740 2295 2025 3555 3810
    4485 3915 4785 5595 6075 7050 7830 8040 7425 8130 8340]';
j=2
p=[0 0.5 0.5;0.2 0.5 0.3;0 1 0]
for m=1:100
for i=1:25
    pp=p^i
    h=rand
    if h<pp(j,1)
        R=1.2
    elseif h>(1-pp(j,3))
        R=0.9
    else
        R=1
    end
        y(i,m)=R*model(i)
end
end
for i=1:25
    av(i)=mean(y(i,:))
```

```
    end
plotyy(x, a, x, av)
```

实验二　分形与混沌简介

实验内容：对迭代方程进行计算，并绘制分形图。
实验目的：了解分形基本概念，并可以用 Matlab 绘制分形曲线的变化图。

一、分形方法简介

设第 n 代虫口数为 y_n，每个虫子生 ∂ 个卵，这些孵全部成活，则第 $n+1$ 代虫口数是 $y_{n+1} = \partial y_n$。这是一个简单的线性差分方程，它的解是 $y_n = y_0 \partial^n$。因此，根据这个简化的模型，只要 $\partial > 1$，虫口数按指数形式增长。但是虫口数目增加之后，将会为争夺有限的食物而发生相互残杀，或接触传染病而大批死亡。因此，某一个固定环境中虫口数的增长有一个最大值，设这个最大值为 N，如果虫口数越接近 N，则虫口的繁殖率越小，也就是繁殖率与 $\dfrac{(N - y_n)}{N}$ 成正比关系，所以将虫口增长的模型修改为

$$y_{n+1} = \partial \frac{N - y_n}{N} y_n \tag{6.2.1}$$

令 $x_n = \dfrac{y_n}{N}$，因为 $y_n \leqslant N$，所以 $0 \leqslant x_n \leqslant 1$。

$$\frac{y_{n+1}}{N} = \partial \left(1 - \frac{y_n}{N}\right) \frac{y_n}{N}$$

$$x_{n+1} = \partial(1 - x_n) x_n \tag{6.2.2}$$

$$x_n \in [0, 1], \qquad \partial \in [0, 4]$$

区间 $[0,1]$ 是系统的相空间，$[0,4]$ 是系统的参数空间，显然式 (6.2.2) 存在两个不动点，$x_1^* = 0$，$x_2^* = 1 - \dfrac{1}{\partial}$，所谓不动点是指 $x_{n+1} = x_n$。

当 $0 < \partial < 1$ 时，x_1^* 稳定，x_2^* 不稳定，不论 x_0 取什么值均有 $x_n \rightarrow x_1^* = 0$，意味着虫口系统灭种。这类定态位于参数轴的 0 到 1 线段上，$\partial_0 = 1$ 是一个临界点。

当 $1 \leqslant \partial \leqslant 3$，不动点 x_1^* 不再稳定，而 x_2^* 开始变为稳定解。因为，任取初值 $[0,1]$，迭代后演化情况。经历一系列变化后，系统越来越趋于稳定平衡态 $x_2^* = 1 - \dfrac{1}{\partial}$。若取 $\partial = 2$，则平衡态为 $\dfrac{1}{2}$；取 $\partial = 2.4$，平衡态为 0.5833，随着 ∂ 值增大，稳定平衡值 x_2^* 也增大，但系统行为没有定性性质变化，都保持在平衡态上，如图 6.2.1 所示。$\partial_1 = 3$ 又是一个临界点。

当 $3 \leqslant \partial \leqslant 1 + \sqrt{6}$ 时，$x_2^* = 1 - \dfrac{1}{\partial}$ 也失去稳定性。对于任意初值（平衡态除外），迭代结果永远离开该态（x_0^*），经过一定的过渡过程趋于一个稳定的 2 点周期运动，即

$$\xi_1, \xi_2, \xi_1, \xi_2, \cdots$$

其中 ξ_1，$\xi_2 = \left(\dfrac{1 + \partial \pm \sqrt{(\partial + 1)(\partial - 3)}}{2\partial}\right)$。

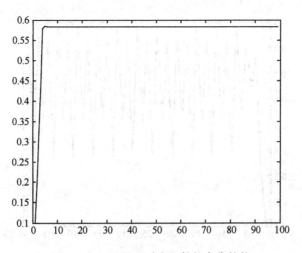

图 6.2.1　$\partial = 2.4$ 时虫口数的变化趋势

即 ξ_1，ξ_2 满足 $x_{n+2} = x_n$。可以把平衡态解释为周期 1 解，因为它满足 $x_{n+1} = x_n$。当系统的参数 ∂ 变化跨越 $\partial = 3$ 这个值时，系统的稳定解由周期 1 解变为一个周期 2 解，这是一个一分为二的分叉过程，即周期 1 成为不稳定不动点。若取 $\partial = 3.15$，则稳定的 2 点周期为 $\xi_1 = 0.5334947$，$\xi_2 = 0.7839657$。继续进行迭代，则为两个数值交替出现。对于虫口系统，这意味着今年虫口数为 ξ_1，则明年的虫口数为 ξ_2，然后又是 ξ_1，ξ_2 周而复始，如图 6.2.2 所示。

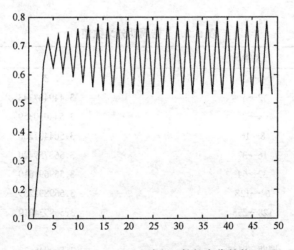

图 6.2.2　$\partial = 3.15$ 时虫口数的变化趋势

当 $\partial_2 < \partial <$ 某个 ∂_3 值时，上述的 2 点周期又成了不稳定解，稳定解是一个 4 点周期运动。取 $\partial = 3.52$ 计算，这个 4 点周期组成的稳定周期轨道为

$$\rightarrow 0.5120768 \rightarrow 0.8794866$$
$$0.8233011 \leftarrow 0.3730846 \leftarrow$$

图 6.2.3 给出了去掉暂态过程的 4 点周期运动的图像。

当 ∂ 继续增大时，依次出现的稳定周期是 8，16，32，…。当 ∂ 达到 $\partial_\infty = 3.569945672$

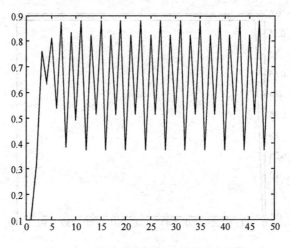

图 6.2.3　$\partial=3.52$ 时虫口数的变化趋势

时，系统经过不断周期倍增而进入一个新状态，称为混沌。

综上所述，参数∂在区间$(0, \partial_\infty)$内取值时为系统的周期运动区。在周期区内，随着参数∂从 0 增大至∂_∞，系统将顺序出现一系列分叉现象，每次分叉都发生在确定的∂值处，每次都是一分为二（见表 6.2.1），周期加倍，以 2^n 点周期取代原来 2^{n-1} 的点周期。这种倍周期分叉随着∂的增大，相应的稳定范围愈来愈窄，当$\partial=\partial_\infty$时，迅速达到周期 $n\to\infty$。

表 6.2.1　倍周期分叉数值

分叉情况	∂_n
$1\to2$	3
$2\to4$	3.449487743
$4\to8$	3.544090359
$8\to16$	3.564407266
$16\to32$	3.568759420
$32\to64$	3.569691610
$64\to128$	3.569891259
$128\to256$	3.569934019
$\vdots$	$\vdots$
周期$\to$混沌	3.569945672

二、分形图形程序的编写

首先编写分形方程迭代过程计算的函数文件fenxing.m：

```
function a = fenxing(m, u)
x(1) = 0.1;
i = 2;
```

```
    while(i<m)
        x(i) = u * x(i-1) * (1-x(i-1));
        i = i+1
    end
    for i=1:100
        a(i) = x(m-102+i)
    end
```

绘制分形图
```
for i = 0:0.01:4
        a = fenxing(300, i);
        plot(i, a);
        hold on;
end
hold off;
```

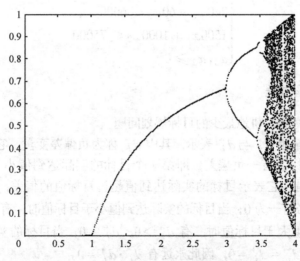

图 6.2.4 Logistic 方程的倍周期与混沌

实验三　用目标规划方法解决农业生产计划安排问题

实验内容：建立农业生产规划问题的多目标规划模型，并用 Matlab 求解该多目标规划。

实验目的：掌握目标规划的求解方法。

线性规划本身有它的局限性，因为线性规划要求在一组约束条件下建立一个目标数，而且也只能有一个目标极大化或极小化，即只能解决单一目标的优化问题。但是在现代经济管理决策中，经常会遇到比线性规划更复杂的多目标优化决策问题，而且在多

· 159 ·

个目标中彼此常常又是互相矛盾的，解决这类问题线性规划就无能为力了。因此在线性规划的基础上，又提出并发展了多目标规划。在我国对多目标规划的研究和应用是从 20 世纪 70 年代末 80 年代初开始的，目前已在经济规划、企业管理、铁路运输和农业规划等方面得到运用并取得了可喜的成果。下面以农业规划为例具体说明多目标规划及其解法。

一、目标规划的数学模型

某养牛场可提供 6000 h 劳力，75000 个饲料单位。今欲饲养奶牛和肉牛，已知饲养 1 头奶牛需 240 h 劳力，1500 个饲料单位，1.5 亩耕地；饲养 1 头肉牛需 60 h 劳力，1000 个饲料单位，2.4 亩耕地，且已知 1 头奶牛可获产值 1500 元，1 头肉牛可获产值 750 元，求如何安排生产才能使获得的产值最大，使用的耕地最少？

设饲养奶牛 x_1 头，肉牛 x_2 头，z_1 表示产值，z_2 表示耕地的使用量，因此，可得多目标规划

$$\begin{cases} \max z_1 = 1500x_1 + 750x_2 \\ \min z_2 = 1.5x_1 + 2.4x_2 \\ 240x_1 + 60x_2 \leqslant 6000 \\ 1500x_1 + 1000x_2 \leqslant 75000 \\ x_1, x_2 \geqslant 0 \end{cases} \tag{6.3.1}$$

二、目标规划的求解过程

现在，求产值最高，耕地最少的目标规划问题。

(1) 设偏差变量用 d_i^- 与 d_i^+ 表示，其中 d_i^- 称为负偏差变量，它表示第 i 个目标的实际达到值与目标值有一负偏差，即第 i 个目标的实际达到值小于目标值的偏差。d_i^+ 称为正偏差变量，它表示目标的实际达到值超过目标值的偏差，或者说有一正偏差，且 d_i^+ 和 d_i^- 必有一为 0；当目标的实际达到值小于目标值时，有 $d_i^- > 0$，$d_i^+ = 0$；当目标的实际达到值大于目标值时，有 $d_i^+ > 0$，$d_i^- = 0$；当目标的实际达到值恰好等于目标值时，则有 $d_i^- = d_i^+ = 0$，因此永远有 $d_i^- \cdot d_i^+ = 0$。

在目标规划中，总是把任何起作用的约束都称为目标，而不论这些目标是否能达到。我们的总目标就是要求出这样一个最优结果，使每个目标都尽可能接近指定的目标值，因此上述问题的劳力约束可表示为

$$240x_1 + 60x_2 + d_1^- - d_1^+ = 6000$$

d_1^- 为负偏差变量，表示未用劳力小时数；d_1^+ 为正偏差变量，表示超过 6000 h 劳力加班小时数。

饲料约束可表示为

$$1500x_1 + 1000x_2 + d_2^- - d_2^+ = 75000$$

产值约束可表示为

$$1500x_1 + 750x_2 + d_3^- - d_3^+ = 100000$$

其中负偏差变量 d_3^- 表示未达到 100 000 元的差值，正偏差变量 d_3^+ 表示产值超过

100 000元的差值。这里 100 000 是任意给的一个很大的数，因此实际上这样的高产值是永远达不到的。但这样做就能使 x_1 和 x_2 是可行解，且可使产值尽可能的大。

面积约束表示为

$$-1.5x_1 - 2.4x_2 + d_4^- - d_4^+ = -10$$

将面积的目标数求最小值修为求最大值，即取面积负值（$-z_2$）作为目标函数。其中负偏差变量 d_4^- 表示负面积（$-z_2$）未达到 -10 亩的差值，正偏差变量 d_3^+ 表示负面积超过 -10 亩的差值。

（2）目标数中的优先级与权系数。在目标规划中，目标数不再像线性规划那样只是求使一个目标数值达到最大或最小，而是在给定的约束集合内，使目标值与目标实际可能达到值之间的偏差 d^+ 或 d^-（即偏差变量）最小。因此，目标规划中对目标要求的轻重缓急给以不同的优先等级，例如，将目标分为 k 个等级，则最高优先级或称第一优先级常用 p_1 表示；第二优先级用 p_2 表示；第 k 优先级用 p_k 表示等。并且有 $p_i \gg p_{i+1}$，这表示不同优先级之间，不能从数量上进行比较，即不论 p_{i+1} 乘以任何大的实数 M 都不能使 $Mp_{i+1} \geq p_i$；它们之间的关系是只有在较高级目标被满足或者不能再改进之后才考虑下一个较低级的目标，而且这些不同优先级的目标度量单位可以是不同的。对同一优先级的不同目标，按其重要程度也可给以不同的权系数。

三、Matlab 求解该多目标规划

Matlab 求解该多目标规划的函数文件为 fgoalattain. m，其调用格式为

X = fgoalattain(fun, x0, goal, weight, A, b, Aeg, beq)

%通过变化 x 来使目标函数 fun 达到 goal 指定的目标，初值为 x0，weight 参数指定权重，约束条件为线性不等式 A * x≤b，还可以提供等式 Aeg * x = beq。

首先编写本项实验的函数文件mjfun. m：

```
function f = mjfun(x);
f(1) = -1500 * x(1) + 750 * x(2);
f(2) = 2 * x(1) + 1.2 * x(2);
```

编写主程序：

```
% main program
goal = [-100000 80];
weight = [-100000 80];
x0 = [20 50];
a = [240 60; 1500 1000];
b = [6000 75000];
lb = zeros(2, 1);
[x, fval, attainfactor, exitflag] = fgoalattain(@mjfun, x0, goal, weight, a, b, [], [], lb, [])
```

计算结果为 $x_1 = 12.9425, x_2 = 48.2282$；也就是奶牛生产 13 头，肉牛生产 48 头。

习 题 六 （一）

某厂生产 A、B 两种型号的摩托车，它们的利润分别为 100 元和 80 元。每辆车的

平均生产时间分别为 3 h（A 种）和 2 h（B 种）。该厂每周生产时间为 120 h，但可加班 48 h，在加班时间内生产每辆车的利润分别为 90 元（A 种）和 70 元（B 种）。市场每周需要 A、B 两种车各 30 辆以上，问应如何安排每周的生产计划，在尽量满足市场需要的前提下，使利润最大，而加班时间最少，建立数学模型。

实验四　Lotka-Volterra 生态数学模型的求解

实验内容：了解 Lotka-volterra 生态数学模型的形式，用计算机求解该方程。

实验目的：掌握用 Matlab 求解微分方程组的基本方法。

一、捕食模型的求解

生活在同一环境中的各生物之间，进行着残酷的生存竞争，一类动物靠捕食另一类动物为生，被捕食者只能靠又多又快地繁殖后代和跑等方式求生求发展。设想一海岛，居住着狐狸和野兔，兔吃草，青草如此之丰盛，兔子们无无食之忧，于是大量繁殖；兔子一多，狐易得食，狐量亦增，而由于狐狸数目增多吃掉大量兔子，狐群又进入饥饿状态而使其总数下降，这时兔子相对安全，于是兔子总数回升。就这样，狐兔数目交替地增减，无休止地循环，逐渐形成生态的动态平衡。意大利著名生物数学家 Volterra 对这种现象建立了微分方程组数学模型

$$\begin{cases} \dfrac{dx}{dt} = x(a - by) \\ \dfrac{dy}{dt} = -y(c - dx) \end{cases} \tag{6.4.1}$$

其中 $x(t)$ 表示 t 时刻兔子数目，$y(t)$ 表示 t 时刻狐狸数目。ax 项表示兔子的繁殖速度与现存兔子数成正比，$-bxy$ 项表示狐兔相遇兔子被吃掉的速度，$-cy$ 项表示狐狸同类争食造成的死亡速度与狐狸总数成正比，$+dxy$ 表示狐兔相遇对狐狸有好处而使得狐狸繁衍增加的速度。

下面应用 Matlab 对方程组求解，并在 xOy 平面上画出 $x(t)$ 与 $y(t)$ 变化的相图。

微分方程的求解函数文件为 ode45.m，使用 4/5 阶 Runge-Kutta 算法，函数的调用格式为

$$[T, Y] = ode45(‘F’, tspan, y0)$$

其中输入参数中的‘F’是一个字符，表示微分方程的形式，tspan 表示积分区间，y0 表示初始条件。

首先建立微分方程的函数文件 pushu.m：

```
function dy = pushu(t, y)
dy = zeros(2, 1); % a column vector
dy(1) = y(1) * (5 − 0.2 * y(2));
dy(2) = −y(2) * (5 − 0.2 * y(1));
```

在此基础上应用 ode45 命令求解微分方程，并绘制相图（见图 6.4.1）。

```
% main.m
```

```
y0 = [60 60]′;
[T, Y] = ode45(@pushu, [0 1.5], y0);
clf;
hold on;
plot(Y(:, 1), Y(:, 2));
```

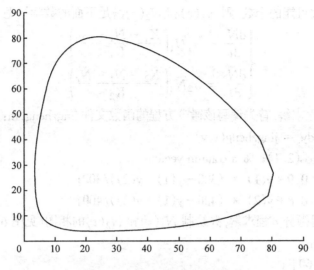

图 6.4.1　兔子和狐狸变化相图

从图 6.4.1 中可以看出若初始时刻只有兔子，则兔子数量会无限增长，事实上，这时兔子无天敌，加之水草丰美，所以越来越多；若初始时刻只有狐狸，则狐狸数同会趋于零，因为它们吃不到食物，最后都死了；若初始时刻既有狐狸又有兔子，对于这种情形，不论当初狐兔的数量如何，随着 t 的增加，狐兔数量皆周期性变化，无休止地呈动态的生态平衡。

如果人类对自然界的生物群体进行干涉，例如，猎人既猎取狐狸又滥杀兔子，则方程组修改为

$$\begin{cases} \dfrac{\mathrm{d}x}{\mathrm{d}t} = ax - dxy - \varepsilon x = (a - \varepsilon)x - dxy \\ \dfrac{\mathrm{d}y}{\mathrm{d}t} = -cy + dxy - \varepsilon y = -(c - \varepsilon)y + dxy \end{cases}$$

设 $0 < \varepsilon < a$，绘制 $x(t)$ 和 $y(t)$ 的相图。从图中可以看出，当捕捉率 ε 不超过兔子的繁殖率 a 时，兔子反而增加，狐狸减少，兔子宁愿自己的家族中有些成员被捕杀，同时按比例也捕杀一批天敌狐狸，最后兔子数量比猎人不来捕猎时还要多些。

二、种群竞争模型的求解

自然界几乎到处都会发现这种现象，两种相近生物为了争夺有限的同样食物、生活空间或配偶，进行着激烈的斗争。如果两个群体力图拥有一个生态环境，它们之间的生存竞争将是异常激烈，且以弱者之灭亡而告终。

在单种群模型中，$\dfrac{\mathrm{d}N}{\mathrm{d}t} = aN - bN^2$，且当 $t \to +\infty$ 时，$N(t) \to \dfrac{a}{b}$，记 $\dfrac{a}{b} = K$ 这个极值可以认为是这个环境可以承担的生物最大数量，又

$$\frac{\mathrm{d}N}{\mathrm{d}t} = aN - bN^2 = aN\left(\frac{K-N}{K}\right)$$

设 $N_1(t), N_2(t)$ 分别是物种 A 与物种 B 在 t 时刻的数量，K_1 和 K_2 分别是 A 和 B 在小环境中的最大可能的个数，则 $N_1(t)$ 和 $N_2(t)$ 满足下面的数学模型

$$\begin{cases} \dfrac{\mathrm{d}N_1}{\mathrm{d}t} = a_1 N_1\left(\dfrac{K_1 - N_1 - N_2}{K_1}\right) \\[3mm] \dfrac{\mathrm{d}N_2}{\mathrm{d}t} = a_2 N_2\left(\dfrac{K_2 - N_1 - N_2}{K_2}\right) \end{cases}$$

应用 Matlab 对方程求解，首先编写该微分方程的函数文件 jingzheng.m：

```
function dy = jingzheng(t, y)
dy = zeros(2, 1); % a column vector
dy(1) = 0.9 * y(1) * (300 - y(1) - y(2))/300;
dy(2) = 0.8 * y(2) * (400 - y(1) - y(2))/400;
```

在此基础上对微分方程求解，并绘制 $N_1(t)$ 和 $N_2(t)$ 的相图（见图 6.4.2）。

```
% main. m
y0 = [60 60]';
[T, Y] = ode45(@jingzheng, [0 1900], y0);
clf;
hold on;
plot(Y(:, 1), Y(:, 2));
```

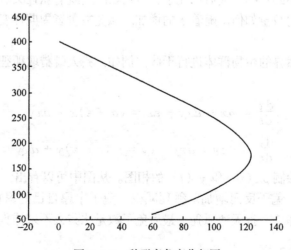

图 6.4.2　种群竞争变化相图

图 6.4.2 中 x 轴表示物种 B，y 轴表示物种 A。可以看出物种 B 灭绝，而物种 A 发展到其最大值，其根源在于 $K_1 > K_2$。

习 题 六 (二)

一个渔场中的鱼资源若不进行捕捞则按自然规律增长。若在渔场中由固定的船队进行连续作业，单位时间的产量与渔场中鱼的数量成正比，比例系数为 k，试建立描述该渔场鱼的数量的数学模型，并讨论如何控制 k，才能使渔场的鱼资源保持稳定。

实验五　小孩与玩具

实验目的：用 Matab 求解微分方程。
实验内容：建立玩具随小孩运动的微分方程模型，并求该微分方程的解。

一、微分方程模型的建立

假设一个小孩在平面上沿一曲线行走，此曲线由两个时间的函数 $X(t)$ 和 $Y(t)$ 确定。

假设此小孩借助长度为 α 的硬棒，拉或推某玩具，当此小孩沿曲线行走时，计算玩具的轨迹。设 $(x(t), y(t))$ 是玩具的位置。

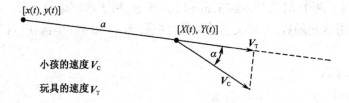

图 6.5.1　小孩与玩具关系图

从图 6.5.1 可得下列方程：

(1) $(X(t), Y(t))$ 与 $(x(t), y(t))$ 之间的距离总是硬棒的长度，于是

$$(X - x)^2 + (Y - y)^2 = \alpha^2 \tag{6.5.1}$$

(2) 玩具总是在硬棒的方向上运动，因此，两个位置的差向量是玩具的速度向量的倍数，$\mathbf{V}_{\mathrm{T}} = (\dot{x}, \dot{y})^{\mathrm{T}}$：

$$\begin{pmatrix} X - x \\ Y - y \end{pmatrix} = \lambda \begin{pmatrix} \dot{x} \\ \dot{y} \end{pmatrix}, \quad \text{其中} \lambda > 0 \tag{6.5.2}$$

(3) 玩具的速度依赖于小孩的速度向量 $\mathbf{V}_{\mathrm{C}}$ 的方向，例如，假设小孩在半径为 α（硬棒的长）的圆上行走，在此特殊情况下，玩具停留在此圆的圆心，根本不运动。

小孩的速度 $\mathbf{V}_{\mathrm{C}}$ 在硬棒上的投影的模是玩具的速度 $\mathbf{V}_{\mathrm{T}}$ 的模，将方程 (6.5.2) 代入方程 (6.5.1) 中，可得

$$\alpha^2 = \lambda^2(\dot{x}^2 + \dot{y}^2) \Rightarrow \lambda = \frac{\alpha}{\sqrt{\dot{x}^2 + \dot{y}^2}}$$

于是

$$\frac{\alpha}{\sqrt{\dot{x}^2 + \dot{y}^2}} \begin{pmatrix} \dot{x} \\ \dot{y} \end{pmatrix} = \begin{pmatrix} X - x \\ Y - y \end{pmatrix}$$

为了得到 $\dot{x}$ 和 $\dot{y}$ 我们要解方程，因为玩具的速度的模 $|\mathbf{V}_{\mathrm{T}}| = |\mathbf{V}_{\mathrm{C}}\cos\alpha|$（见图

6.5.1), 这可由下面步骤得到:

1) 标准化差向量$(X-x, Y-y)^T$, 可得单位长的向量 W。

2) 确定 $V_C = (\dot{X}, \dot{Y})^T$ 在 W 生成的子空间上的投影, 因为 $V_C^T W = |V_C| |W| \cos\alpha$ 和 $|W| = 1$, 这就是 $V_C^T W$ 内积。

3) $V_T = (\dot{x}, \dot{y})^T = (V_C^T W) W$

二、用 Matlab 求微分方程的解

编写 Matlab 函数文件 child.m, 对于给定的时间 t, 它返回小孩的位置$(X(t), Y(t))$和速度$(X_s(t), Y_s(t))$, 例如, 考虑小孩在圆 $X(t) = 5\cos t$; $Y(t) = 5\sin t$ 上行走, 此时相应的函数文件 child.m 为:

```
function [X, Xs, Y, Ys] = child(t);
X = 5 * cos(t);
Y = 5 * sin(t);
Xs = -5 * sin(t);
Ys = 5 * cos(t);
```

Matlab 提供了两个 M 文件 ode23.m 和 ode45.m, 用于求解微分方程。在下面的主程序中, 我们将调用这些函数, 并定义初始条件(注意, 当 $t = 0$ 时, 小孩在点$(5,0)$处和玩具在点$(10,0)$处)。

```
function aa
% main1.m
y0 = [10 0]';
[t y] = ode45('f', [0 100], y0);
clf;
hold on;
axis([-6 10 -6 10]);
axis('square');
```

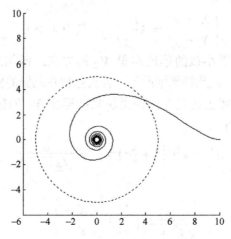

图 6.5.2　玩具运动图

```
plot(y(:,1),y(:,2));
t=0:0.05:6.3;
[X, Xs, Y, Ys] = child(t);
plot(X, Y, ':');
hold off;
```

所得玩具运动轨迹如图 6.5.2 所示。

习 题 六 (三)

1. 一个慢跑者在平面上沿着他喜欢的路线跑步，突然一只狗攻击他，这只狗以恒定速率跑向慢跑者。狗的运动方向始终指向慢跑者，计算并画出狗运动的轨迹。

2. 目标跟踪问题。设位于原点的甲舰向位于 x 轴上点 $A(1,0)$ 处的乙舰发射导弹，导弹始终对准乙舰。如果乙舰以最大的速度 v_0（v_0 为常数）沿平行于 y 轴的直线行驶，导弹的速度是 $5v_0$，求导弹运行的曲线，又导弹行驶多远时，导弹将击中它。

实验六　施肥效果分析

实验目的： 熟练掌握曲线拟合尤其是最小二乘法的应用，并会用 Matlab 编制相应的程序。初步掌握拟合中曲线类型的选择方法。

实验内容： 对土豆产量与施肥量之间的关系进行曲线拟合，针对不同的散点图，考察选择拟合函数的类型，熟悉拟合方法。

一、问题的提出

某地区作物生长所需要的营养素主要是氮(N)、钾(K)、磷(P)，某作物研究所在该地区对土豆做了一定数量的实验，实验数据如表 6.6.1 所示，当一个营养素的施肥量变化时，总将另两个营养素的施肥量保持在第七个水平上，如对土豆产量关于 N 的施肥量做实验时，P 与 K 的施肥量分别取为 196kg/hm² 与 372kg/hm²。试分析施肥量与产量之间的关系。

表 6.6.1　不同施肥水平下土豆的产量

N		P		K	
施肥量/(kg/hm²)	产量/(t/hm²)	施肥量/(kg/hm²)	产量/(t/hm²)	施肥量/(kg/hm²)	产量/(t/hm²)
0	15.18	0	33.46	0	18.98
34	21.36	24	32.47	47	27.35
67	25.72	49	36.06	93	34.86
101	32.29	73	37.96	140	38.52
135	34.03	98	41.04	186	38.44
202	39.45	147	40.09	279	37.73
259	43.15	196	41.26	372	38.43
336	43.46	245	42.17	465	43.87
404	40.83	294	40.36	558	42.77
471	30.75	342	42.73	651	46.22

二、问题分析与模型建立

（一）利用散点图，对所拟合问题的曲线类型做出判断

当需要拟合两个变量之间的函数关系时，首先需要确定所求函数对应曲线的类型，然后根据曲线类型对所求函数的对应关系进行假设，并利用已知数据计算所需参数，从而形成对两个变量之间函数关系的最终确定。

考虑函数所对应曲线的类型，通常有三个参照指标：一是绘制两个变量的散点图，从图像的角度判断函数关系的类型；二是根据给出变量的数据关系以及数据走向来判断；三是根据所考虑变量之间内在的规律来讨论。本问题中，我们需要考察的是土豆产量与各营养素之间的函数关系，因此其间的内在规律是未知的，所以我们采用前两种策略来进行。

绘制土豆与三种营养素之间的散点图（图6.6.1）。

考虑土豆产量与氮肥之间的数据变化，可以看到，当保持磷肥和钾肥施放水平不变时，随着氮肥施用量的增加，土豆产量也随之增加，但当施肥量达到一定程度（336 kg/hm²）后，再增加施肥量，就会造成产量的下滑，结合散点图，可以判断土豆产量与氮肥施用量之间应该可以用二次函数关系来拟合。

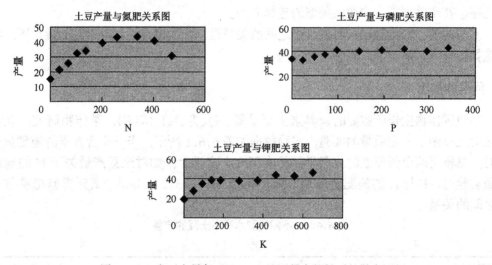

图6.6.1 土豆产量与N、P、K施用量之间关系的散点图

其次考虑土豆产量与磷肥的关系，当氮肥和钾肥都保持在确定的水平时，可以看到，随着磷肥施用量的增加，土豆产量总体呈上升趋势，但产量总的上升量仅为9.27，说明磷肥的变化对土豆产量的影响比较小，观察数据可以发现，虽然随着磷肥施用量的增加，土豆产量偶有下降的情况，但基本上还是平稳上升，结合散点图，可以将二者的关系拟合为分式关系。

最后，钾肥与土豆产量之间的关系比较复杂，总体来看，依然是随着施肥量的增加，土豆产量也随之增加，但增幅很大，而且尽管增加过程中有一次较大起伏（7～8水平），但最终趋势是趋向于平稳，结合散点图，可认为其函数为指数关系，取不同钾

肥水平下产量的对数，描绘散点图（图 6.6.2）。

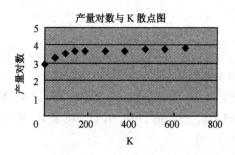

图 6.6.2　土豆产量取对数后与钾肥施放
水平关系的散点图

由图 6.6.2 可以看出，产量的对数与钾肥的施用水平间几乎呈线性关系，因此考虑拟合该曲线为指数函数是合理的。

（二）确定各变量间函数关系

由上段的讨论，可以确定土豆产量与各营养素施用水平之间的函数关系为

$$y = a_1 n^2 + b_1 n + c_1$$

$$y = \frac{p}{a_2 p + b_2}$$

$$y = a_3 + b_3 e^{c_3 k}$$

其中 n，p，k 为氮肥、磷肥和钾肥的不同施用水平，y 是土豆产量，a_i，b_i，c_i 等为待拟合常数。

三、编制程序并求解

编制 Matlab 程序，对上述拟合问题进行求解，程序如下：

```
x = [0 34 67 101 135 202 259 336 404 471];
y = [15.18 21.36 25.72 32.29 34.03 39.45 43.15 43.46 40.83 30.75];
p = polyfit(x, y, 2)
y1 = polyval(p, x);
delta = sum((y1 - y).^2)
p =
    - 0.0003   0.1971   14.7416
delta = 11.3321
x = [0 47 93 140 186 279 372 465 558 651];
y = [18.98 27.35 34.86 38.52 38.44 37.73 38.43 43.87 42.77 46.22];
[beta, r] = nlinfit(x, y, 'myf', [14, 0.4])
delta = sum(abs(r).^2)
beta = 0.0222   0.6675
```

r = 18.9800 − 0.1407 0.7905 1.4037 − 0.3749 − 2.9748 − 3.2904 1.5155

−0.0181 3.1168

delta =

394.6835

x = [0 47 93 140 186 279 372 465 558 651];

y = [18.98 27.35 34.86 38.52 38.44 37.73 38.43 43.87 42.77 46.22];

[beta, r] = nlinfit(x, y, 'myfun', [14, 0.4, − 0.4])

delta = sum(abs(r).^2)

function f = myfun(x, xdata)

f = x(1) + x(2) * exp(x(3) * xdata);

beta = 42.6644 − 23.3945 − 0.0099

r = − 0.2899 − 0.6095 1.5303 1.7230 − 0.4997 − 3.4482 − 3.6414 1.4422

0.2000 3.5932

delta = 46.1975

解得

$a_1 = − 0.0003$, $b_1 = 0.1971$, $c_1 = 14.7416$

$a_2 = 0.0222$, $b_2 = 0.6675$

$a_3 = 42.6644$, $b_3 = − 23.3945$, $c_3 = − 0.009$

从而所拟合的函数为

氮肥

$$y(n) = − 0.0003n^2 + 0.1971n + 14.7416$$

磷肥

$$y(p) = \frac{p}{0.0222p + 0.6675}$$

钾肥

$$y(k) = 42.6644 − 23.3945e^{−0.009k}$$

四、说明

在实际工作中，需对以上所得模型进行检验，在这里，我们主要介绍曲线拟合的一般思想，所以就不进行检验了。另外，三种肥料之间除了与产量有直接的数量关系外，还有彼此之间的交互作用。因此，本模型只是一个初步的探讨，要得到三种营养素与产量之间的准确关系，应该在实验之初就采取正交实验或均匀设计的方法，得到更有价值的实验数据，从而更好的把握变量间的数量关系，以达到指导农业生产实践的目的。有兴趣的读者可参阅试验设计方面的文献。

习 题 六 (四)

表1给出生菜产量与营养素关系的数据，试确定产量与营养素之间的函数关系。

表1　不同施肥水平下生菜的产量

N		P		K	
施肥量/(kg/hm²)	产量/(t/hm²)	施肥量/(kg/hm²)	产量/(t/hm²)	施肥量/(kg/hm²)	产量/(t/hm²)
0	11.02	0	6.39	0	15.75
28	12.70	49	9.48	47	16.76
56	14.56	98	12.46	93	16.89
84	16.27	147	14.38	140	16.24
112	17.75	196	17.10	186	17.56
168	22.59	294	21.94	279	19.20
224	21.63	391	22.64	372	17.97
280	19.34	489	21.34	465	15.84
336	16.12	587	22.07	558	20.11
392	14.11	685	24.53	651	19.40

实验七　作物育种方案的预测

实验目的：熟练掌握线性代数课程中将矩阵对角化的方法，会利用 Matlab 对该问题进行编程计算，培养学生实际问题模型化的能力。

实验内容：通过对亲代基因型和子代基因型的探讨，寻找任何子代基因型的分布，并对作物长期基因型变化情况进行预测。

一、问题的提出

假定一个植物园要培育一片作物，它由三种可能基因型 AA、Aa 及 aa 的某种分布组成，植物园的管理者要求采用的育种方案是：作物总体中每种作物用该种作物自身的基因型来授粉，子代的基因型的分布如表 6.7.1 所示。问：在任何一个子代总体中三种可能基因型的分布表达式如何表示？

表 6.7.1　不同情况下子代基因型分布表

		亲代的基因型					
		AA—AA	AA—Aa	AA—aa	Aa—Aa	Aa—aa	aa—aa
子代的基因型	AA	1	1/2	0	1/4	0	0
	Aa	0	1/2	1	1/2	1/2	0
	aa	0	0	0	1/4	1/2	1

二、问题分析与模型的建立

假定第 n 代中 AA、Aa 与 aa 三种基因型作物所占比例依次为 a_n，b_n，c_n，则可以记初始状态下 AA、Aa 与 aa 三种基因型作物所占比例依次为 a_0，b_0，c_0。

显然有

$$a_i + b_i + c_i = 1, \quad i = 0, 1, \cdots, n$$

由表 6.7.1 可以看到，当作物总体中每种作物用该种作物自身的基因型来授粉时，如果亲代作物基因型为 AA，则由 AA—AA 产生的子代基因型必为 AA；如果亲代作物基因型为 Aa，则由 Aa—Aa 产生的子代基因型以 1/2 的概率得到 Aa，以 1/4 的概率得到 AA 或 aa；如果亲代作物基因型为 aa，则由 aa—aa 产生的子代基因型必为 aa。

由此可以获得相邻两代之间基因型转换的方程组为

$$\begin{cases} a_n = a_{n-1} + \dfrac{1}{4} b_{n-1} \\ b_n = \dfrac{1}{2} b_{n-1} \\ c_n = \dfrac{1}{4} b_{n-1} + c_{n-1} \end{cases}$$

该方程组的矩阵表示为

$$x^{(n)} = \boldsymbol{M} x^{(n-1)} \qquad (n = 1, 2, \cdots)$$

其中 $x^{(n)} = \begin{bmatrix} a_n \\ b_n \\ c_n \end{bmatrix}$, $x^{(n-1)} = \begin{bmatrix} a_{n-1} \\ b_{n-1} \\ c_{n-1} \end{bmatrix}$, $\boldsymbol{M} = \begin{bmatrix} 1 & \dfrac{1}{4} & 0 \\ 0 & \dfrac{1}{2} & 0 \\ 0 & \dfrac{1}{4} & 1 \end{bmatrix}$。

迭代该矩阵表示，可以求得第 n 代中 AA、Aa 与 aa 三种基因型作物所占比例与初始情况下各基因型比例之间的关系为

$$x^{(n)} = \boldsymbol{M} x^{(n-1)} = \boldsymbol{M}^2 x^{(n-2)} = \cdots = \boldsymbol{M}^n x^{(0)}$$

由此可见，为求得第 n 代中 AA、Aa 与 aa 三种基因型作物所占比例以及进行长期预测，需要讨论 $\boldsymbol{M}^n$ 的值，并计算向量 $\boldsymbol{M}^n x^{(0)}$。

三、模型的求解

在线性代数的学习中，我们知道，当矩阵 $\boldsymbol{M}$ 有三个线性无关的特征（列）向量 $\boldsymbol{p}_1$, $\boldsymbol{p}_2$, $\boldsymbol{p}_3$ 时，可以通过可逆矩阵 $\boldsymbol{P} = [\boldsymbol{p}_1, \boldsymbol{p}_2, \boldsymbol{p}_3]$ 将矩阵 $\boldsymbol{M}$ 对角化为 $\boldsymbol{D}$，且 $\boldsymbol{D} = \mathrm{diag}\,[\lambda_1, \lambda_2, \lambda_3]$，其中 λ_1, λ_2, λ_3 为对应于 $\boldsymbol{p}_1$, $\boldsymbol{p}_2$, $\boldsymbol{p}_3$ 的矩阵 $\boldsymbol{M}$ 的特征值，于是

$$\boldsymbol{M} = \boldsymbol{P} \boldsymbol{D} \boldsymbol{P}^{-1} = [\boldsymbol{p}_1, \boldsymbol{p}_2, \boldsymbol{p}_3] \begin{bmatrix} \lambda_1 & 0 & 0 \\ 0 & \lambda_2 & 0 \\ 0 & 0 & \lambda_3 \end{bmatrix} [\boldsymbol{p}_1, \boldsymbol{p}_2, \boldsymbol{p}_3]^{-1}$$

由此，可以得到第 n 代中比例关系为

$$x^{(n)} = \boldsymbol{M}^n x^{(0)} = (\boldsymbol{P} \boldsymbol{D} \boldsymbol{P}^{-1})^n x^{(0)} = \boldsymbol{P} \boldsymbol{D}^n \boldsymbol{P}^{-1} x^{(0)}$$

$$= [\boldsymbol{p}_1, \boldsymbol{p}_2, \boldsymbol{p}_3] \begin{bmatrix} \lambda_1^n & 0 & 0 \\ 0 & \lambda_2^n & 0 \\ 0 & 0 & \lambda_3^n \end{bmatrix} [\boldsymbol{p}_1, \boldsymbol{p}_2, \boldsymbol{p}_3]^{-1} \begin{bmatrix} a_0 \\ b_0 \\ c_0 \end{bmatrix}$$

由于 a_0, b_0, c_0 之间具有关系 $a_0 + b_0 + c_0 = 1$，故最后可以用 $1 - b_0 - c_0$ 来代替

a_0，从而最后得到 a_n，b_n，c_n 的表达式，并根据表达式分析长期情况。

编制 Matlab 程序计算如下：（取 n = 5）

```
x = [1 1/4 0;0 1/2 0;0 1/4 1];
[P, D] = eig(x)
P1 = inv(P)
P =
    1.0000          0         -0.4082
         0          0          0.8165
         0     1.0000         -0.4082
D =
    1.0000          0              0
         0     1.0000              0
         0          0          0.5000
P1 =
    1.0000     0.5000              0
         0     0.5000         1.0000
         0     1.2247              0
function xn = problem5(P, D, P1, n)
x0 = sym('[a;b;c]');
xn = P * D^n * P1 * x0;
```

```
problem5(P, D, P1, 5)
xn =
[ a + 31/64 * b]
[     1/32 * b]
[ 31/64 * b + c]
function xn = problem9(P, D, P1, n)
x0 = sym('[1 - b - c;b;c]');
xn = P * D^n * P1 * x0;
```

```
problem9(P, D, P1, 5)
ans =
[1 - 33/64 * b - c]
[      1/32 * b]
[   31/64 * b + c]
```

最后得到

$$\begin{cases} a_n = a_0 + \dfrac{2^n-1}{2^{n+1}}b_0 \\ b_n = \dfrac{1}{2^n}b_0 \\ c_n = c_0 + \dfrac{2^n-1}{2^{n+1}}b_0 \end{cases} \Rightarrow \begin{cases} a_n = 1 - \dfrac{2^n+1}{2^{n+1}}b_0 - c_0 \\ b_n = \dfrac{1}{2^n}b_0 \\ c_n = \dfrac{2^n-1}{2^{n+1}}b_0 + c_0 \end{cases}$$

四、预测

由 a_n, b_n 和 c_n 的表达式可以看出，当 $n \to \infty$ 时，$a_n \to a_0 + \dfrac{1}{2}b_0$，$b_n \to 0$，$c_n \to c_0 + \dfrac{1}{2}b_0$，这与实际情况是相符的。在实际问题中，由于 AA 和 aa 基因型作物的子代能保持亲代的基因型，而 Aa 基因型作物的子代只以 1/2 的可能保持亲代基因型，而另外部分平均转化为 AA 和 aa，所以随着时间的推移，Aa 基因型作物将逐渐消失，而 AA 和 aa 基因型作物将平均瓜分原 Aa 基因型作物的比例，所以会得到如上的结果。作为案例，我们用线性代数中矩阵对角化的方法验证了这个结论。

习 题 六 (五)

如果要求采用的育种方案是：子代总体中每种作物总是用基因型 AA 的作物来授粉，子代的基因型的分布仍然如表 6.7.1 所示。问：在任何一个子代总体中三种可能基因型的分布表达式又如何表示？

实验八　传染病模型

实验目的：熟练掌握非线性方程求根的牛顿法，会用 Matlab 软件编制相应的程序。

实验内容：初步探讨传染病的变化机理，建立微分方程模型，根据模型，讨论 $t \to \infty$ 时传染病的变化规律。

一、问题的提出

在传染病的蔓延过程中，当病人与健康人接触时，健康人会变成病人，而病人经过医治会恢复健康。这时有两种情况，一种是病人治愈后未获得免疫能力，此时这样的人群又回到健康人的行列，重新有被感染的可能性；另一种情况是，病人治愈后获得了对该传染病的免疫能力，此时这样的人群不再有被传染的可能，我们可以认为这些人离开了所研究的系统。

我们主要讨论后面一种情形，即治愈后获得免疫能力的传染病的传播过程。假定初始状态下总人数为 N，记 t 时刻健康人和病人在总人数中的比例分别为 $x(t)$ 和 $y(t)$，初始时刻健康人和病人在总人数中的比例分别为 x_0 和 y_0。设每个病人每天接触的平均人数为 a，病人每天被治愈的比例为 b，试讨论 $x(t)$ 和 $y(t)$ 的变化规律，并研究 $t \to \infty$ 时，在表 6.8.1 的初始数据下健康人的比例趋势。

表 6.8.1　传染病模型参数 (1)

	a	b	x_0	y_0
1	1	0.4	0.97	0.03
2	0.7	0.4	0.97	0.03
3	0.7	0.6	0.97	0.03
4	1	0.4	0.65	0.03
5	0.7	0.4	0.65	0.03
6	0.7	0.6	0.65	0.03

二、模型的建立

由于每个病人每天接触人数为 a，而人群中健康人比例为 $x(t)$，故每个病人每天平均接触到的健康人数为 $ax(t)$，也就是说每天每个病人传染 $ax(t)$ 个健康人；由于病人总数为 $y(t)N$，所以每天被传染的健康人总数为 $ax(t)y(t)N$，因此，健康人比例的变化率（由于在减少，所以取负值）为 $-ax(t)y(t)$，由此有

$$\frac{\mathrm{d}x(t)}{\mathrm{d}t} = -ax(t)y(t) \tag{6.8.1}$$

由于每天被治愈病人的比例为 b，所以病人人数每天增加 $ax(t)y(t)N$ 人，同时减少 $by(t)N$ 人，从而病人比例的变化率为 $ax(t)y(t) - by(t)$，得到

$$\frac{\mathrm{d}y(t)}{\mathrm{d}t} = ax(t)y(t) - by(t) \tag{6.8.2}$$

考虑到讨论的问题为治愈后获得免疫能力的传染病的传播过程，所以 $x(t)$ 和 $y(t)$ 之和小于1，即 $x(t)$ 和 $y(t)$ 为独立的变量，上述两个方程联立后无法求出解析解，为讨论方便，我们做如下计算，式 (6.8.2) 除以式 (6.8.1)，得

$$\frac{\mathrm{d}y(t)}{\mathrm{d}x(t)} = \frac{b}{ax(t)} - 1$$

这是一个可分离变量的微分方程，求解后并以 $\begin{cases} x(0) = x_0 \\ y(0) = y_0 \end{cases}$ 作为初始条件带入，得

$$y(t) = \frac{b}{a}\ln\frac{x}{x_0} - x + (x_0 + y_0) \tag{6.8.3}$$

这个方程是关于健康人和病人比例关系的方程，显然 $x \geq 0$，$y \geq 0$，$x + y \leq 1$，利用 Matlab 软件可以绘制 xOy 面内的式 (6.8.3) 的图形，由于随着时间的推移，健康人比例始终在下降，所以，随着时间的增长，健康人和病人比例关系变化方向是在图形上由右向左。这样的函数式 (6.8.3) 称为前面微分方程式 (6.8.1) 和式 (6.8.2) 的相轨线，其图形见图 6.8.1。

图形绘制程序：

```
x = linspace(0, 1);
y = 1 - x;
y1 = f1([1 0.4 0.97 0.03], x);
plot(x, y, '-.', x, y1)
```

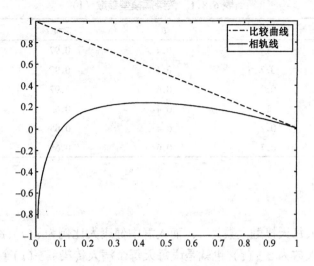

图 6.8.1　健康人和病人比例关系方程的相轨线

legend('比较曲线','相轨线')

现在要考察时间 $t \to \infty$ 时，在表 6.8.1 的初始数据下健康人的比例趋势。由于 $t \to \infty$ 时病人的比例趋向于 0（可理解为全部治愈，或从图 6.8.1 观察），因此在式（6.8.3）中令 $y(t) = 0$，从而得到

$$\frac{b}{a}\ln\frac{x}{x_0} - x + (x_0 + y_0) = 0 \tag{6.8.4}$$

这是一个一般的非线性方程求根问题，对于给定的参数，可以利用牛顿法进行求解，解得的根即为 x_∞，即 $t \to \infty$ 时 $x(t)$ 的变化趋势。

三、方程求根

编制程序如下：

```
functions = newton(deta, x, eps)
% newton 迭代法求非线性方程, x 为迭代初值, eps 为允许误差值
% f1——方程所对应的函数
% df1——导函数
if nargin = = 2
    eps = 1e - 6;
end
fx = f1(deta, x);
dfx = df1(deta, x);
x1 = x - fx/dfx;
x0 = abs(x1 - x);
x = x1;
while x0 > = eps % 循环迭代
    fx = f1(deta, x);
```

```
        x1 = x - fx/dfx;
        x0 = abs(x1 - x);
        x = x1;
    end
s = x1;
```

```
function df1 = df1(deta, a)
syms x
d = deta(1)/deta(2);
x0 = deta(3);
y0 = deta(4);
f = 1/d * log(x/x0) - x + (x0 + y0);
w = diff(f);
df1 = subs(w, x, num2str(a));
df1 = eval(df1);
```

```
function [f] = f1(deta, x)
d = deta(1)/deta(2);
x0 = deta(3);
y0 = deta(4);
f = 1/d * log(x/x0) - x + (x0 + y0);
newton([1 0.4 0.97 0.03], 0.01)
ans =
    0.1030
newton([0.7 0.4 0.97 0.03], 0.01)
ans =
    0.2707
newton([0.7 0.6 0.97 0.03], 0.01)
ans =
    0.6296
newton([1 0.4 0.65 0.03], 0.01)
ans =
    0.1918
newton([0.7 0.4 0.65 0.03], 0.01)
ans =
    0.3940
newton([0.7 0.6 0.65 0.03], 0.01)
ans =
    0.5750
```

四、讨论

由计算的结果可以看到，当 a、b 的值由 1、0.4 经 0.7、0.4 变化到 0.7、0.6 时，x_∞ 的值由 0.1030 经 0.2707 变化到 0.6296，或由 0.1918 经 0.3940 变化到 0.5750，由于 a 值减少意味着卫生水平提高，而 b 增加意味着医疗水平提高，所以 x_∞ 随之增加是合理的；对于 a，b 取固定数值时 x_0 由 0.97 变化到 0.65 的情形，意味着初始阶段接种疫苗，此时最终健康人群的比例一般而言有所增加，但当 a、b 的值为 0.7、0.6 时，相应的 x_∞ 的值却有所下降，请读者考虑其原因。

习 题 六 (六)

对于表 2 给定的初始数据，计算 x_∞ 的情形，并予以讨论。

表 2　传染病模型参数 (2)

	a	b	x_0	y_0
1	1	0.3	0.98	0.02
2	0.6	0.3	0.98	0.02
3	0.6	0.5	0.98	0.02
4	1	0.3	0.7	0.02
5	0.6	0.3	0.7	0.02
6	0.6	0.5	0.7	0.02

实验九　随机数据的研究

实验目的：掌握利用随机数据研究随机现象的基本方法，会产生不同形式的随机数据，并依据问题的不同，对随机数据进行处理和研究。

实验内容：利用 Buffon 实验计算无理数 π 的值；研究锁具互开的可能性，并利用随机数据对各种相应情形进行模拟。

一、问题的提出

日常生活中经常出现一些随机现象，概率论指导我们计算各种随机事件出现的概率。但由于一些具体问题计算概率时计算量很大，所以我们可以利用计算机产生的某种形式的随机数据来对相应的问题进行模拟；另一方面，利用随机数据所隐含的概率结果，可以计算一些特殊数值。看下面两个问题：

(1)（Buffon 实验）在地面的某一区域内画一组间隔为 2（长度单位，以下同）的平行线，将一根长度为 2 的针随机的扔到地上，假定针落到区域内，并且等可能的落到每个位置，讨论针与平行线相交的概率，并由此设计一种计算 π 值的方法。

(2) 某工厂生产一种锁具，该种锁具的钥匙有 5 个槽，每个槽的深度是由 6 个自然数（1，2，…，6）中任取一个得到的。由于工艺和技术的原因，对钥匙做如下要求：

一方面，要求每把钥匙的 5 个槽的深度中，至少有 3 个不同的数；另一方面，要求每把钥匙相邻两个槽的深度之差不能为 5。满足这两个要求的所有互相不同的钥匙对应的锁具称为一批。一批锁具生产出来后，工厂将 60 个一组进行装箱。

在一批钥匙中，有时候两把钥匙能互相打开对方的锁，其原因是，这两把钥匙有四个相应位置的槽深度相同，而另一个槽的深度只相差 1。锁具的互开会引起顾客的抱怨，抱怨的程度显然依赖于任意一箱中能够互开的锁具的对数。

我们的问题是，一批锁具总共有多少把不同的锁？随机装箱后，任意一箱中能够互开的锁具平均有多少对？

二、问题分析

（一）如图 6.9.1 所示，令针的中心距最近的平行线的距离为 y，令针与平行线的夹角为 x，则当 $y > \sin x$ 时，针与平行线不相交（图 6.9.1 左侧情形），当 $y \leqslant \sin x$ 时，针与平行线相交（图 6.9.1 右侧情形）。

由于针落到区域内任何一个位置是等可能的，所以随机变量 y 服从区间 $[0, 1]$ 上的均匀分布，而针落地时的方向显然也是等可能的，所以随机变量 x 服从区间 $\left[0, \dfrac{\pi}{2}\right]$ 上的均匀分布。显然随机变量 x，y 彼此独立，故二维随机变量 (x, y) 服从区间为 $\left\{(x, y) \mid 0 \leqslant x \leqslant \dfrac{\pi}{2}, 0 \leqslant y \leqslant 1\right\}$ 的二维均匀分布。事件针与平行线相交，相当于 $y \leqslant \sin x$ 的情形，由几何概率知识有

$$p = \frac{\displaystyle\int_0^{\frac{\pi}{2}} \sin x \, \mathrm{d}x}{1 \times \dfrac{\pi}{2}} = \frac{2}{\pi}$$

由于此概率结果与无理数 π 有关，所以可以考虑利用随机数进行随机实验，用频率近似代替概率值，并由此计算无理数 π 的数值。

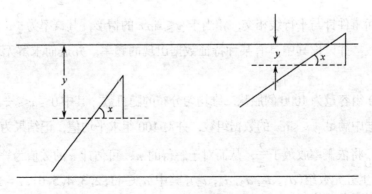

图 6.9.1　Buffon 实验示意图

（二）直接计算一个五维数组能够满足成为钥匙的两个条件，并进而计算一批锁具中不同锁的总数是可以做到的，但比较麻烦，计算如下：

(1) 5 个槽的深度任意选取，共有 $6^5 = 7776$ 种选法。

(2) 其中深度都相同的有 6 种。

有两种不同深度，一种占据 4 个槽，另一种占据 1 个槽的有 $6 \times 5 \times 5 = 150$ 种；

有两种不同深度，一种占据 3 个槽，另一种占据 2 个槽的有 $6 \times 5 \times \dfrac{5!}{3!2!} = 300$ 种；

于是，槽的深度少于三个的共有 456 种；

(3) 相邻两槽深度相差 5 意味着 1 和 6 相邻，在槽的深度不少于三个的情形下，1 和 6 相邻有以下情况：

各槽中只有一个 1 和一个 6，并且相邻：$2 \times \left(C_4^3 \cdot 4! + P_4^2 \cdot \dfrac{4!}{2!} + 4 \cdot \dfrac{4!}{3!} \right) = 512$ 种；

各槽中出现两个 6 一个 1 或者两个 1 一个 6 并且相邻：

$$2 \times \left[C_4^2 \left(\dfrac{5!}{2!} - 2 \times 2 \times \dfrac{3!}{2!} - 3 \times 2 \right) + 4 \left(\dfrac{5!}{2!2!} - 2 \times \dfrac{3!}{2!} - 3 \right) \right] = 672$$ 种

各槽中出现三个 6 一个 1 或者三个 1 一个 6 并且相邻：$2 \times 4 \times \left(\dfrac{5!}{3!} - 2 \right) = 144$ 种；

各槽中出现两个 6 两个 1 并且相邻：$4 \times \left(\dfrac{5!}{2!2!} - 2 \right) = 112$ 种；

综上，相邻两槽深度相差 5 并且槽的深度不少于三个的情形共有

$$512 + 672 + 144 + 112 = 1440$$ 种

由以上 (1)、(2)、(3) 知，满足题目条件的一批锁具不同锁的个数为

$$7776 - 456 - 1440 = 5880$$ 种

可以看到，这样的计算过程不能令人满意。而且，在讨论一箱中互开锁对数的平均值时，其具体概率讨论起来更加烦琐，因此，我们应该寻找一种利用计算机进行研究的方法。

三、模型的建立

（一）由于二维随机变量 (x, y) 服从区间为 $\left\{ (x, y) \mid 0 \leqslant x \leqslant \dfrac{\pi}{2}, 0 \leqslant y \leqslant 1 \right\}$ 上的二维均匀分布，而事件针与平行线相交，相当于 $y \leqslant \sin x$ 的情形，其概率为 $\dfrac{2}{\pi}$，所以可以采取产生随机数，并讨论其中具有某种特征数据出现的频率，并进而求解无理数 π 的数值。

产生 100 组容量为 1000 的服从二维均匀分布的随机数，其中 $0 \leqslant x \leqslant \dfrac{\pi}{2}$，$0 \leqslant y \leqslant 1$，计算每组数据中满足 $y \leqslant \sin x$ 的数据组数，并对 100 组求平均值，记结果为 n，则由大数定律，$\dfrac{n}{1000}$ 将依概率收敛于 $\dfrac{2}{\pi}$，从而对于解得的 n，可估计 π 的数值为 $\dfrac{2000}{n}$。

（二）产生五元数组 $(d_1, d_2, d_3, d_4, d_5)$，其中 $d_i \in \{1, 2, 3, 4, 5, 6\}$，$i = 1, 2, 3, 4, 5$，逐个检验如下两个条件：

(1) 诸 d_i 中至少有三个不同的数字，$i = 1, 2, 3, 4, 5$。

(2) $|d_i - d_{i-1}| \neq 5$，$i = 2, 3, 4, 5$。

将满足以上两个条件的五元数组 $(d_1, d_2, d_3, d_4, d_5)$ 进行记数，其记数的结果即为一批锁具中不同锁的数目。

对一箱中的锁具能否互开进行检验时，由于每两对锁都需要检测，因此需要检测 3540 次，这样的运算量显然很大，我们采用如下方法进行简化：

由于满足 (1)、(2) 两个条件的数组中，组内各数之和 $\sum_{i=1}^{5} d_i$ 最小为 8(对应于各数为 1, 1, 1, 2, 3 的情形)，最大为 27(对应于各数为 6, 6, 6, 5, 4 的情形)，将 $\sum_{i=1}^{5} d_i$ 称为该组的特征数，记数时按满足(1)、(2) 两个条件的数组的特征数将数组进行分类，分别将分类后的各类标号为 8, 9, $\cdots$, 26, 27, 则共得到 20 个不同的类。由于能够互开的锁具有 4 个槽的深度对应相等，而另一个槽的深度只相差 1，所以互开的锁必然出现在相邻两类。这样，对于每箱 60 把锁的情况，需要比较不超过 171 对。

这个比较方法的优点是所需计算量比较小，但程序比较长，所以也可以采取折中的方法，将每箱中所有的锁按 $\sum_{i=1}^{5} d_i$ 的奇偶性分为两类，则每对互开的锁必然出现在不同的类中，最多需要检验 900 次，而且计算程序比较简洁，我们采用这种分类方法。

随机产生 100 组容量为 60 的满足条件 (1)、(2) 的五元数组，将各组按特征数的奇偶性进行归类，共分两类，并对两类间互开情况进行检验，记下能够互开的锁具对数，求 100 组中互开对数的平均值，则该平均值即为所求。

四、模型的求解

依据以上思想，编制 Matlab 程序如下：

(1) Buffon 实验：

```
B = [ ];
for i = 1:100
    A = rand(1000, 2);
    A(:, 1) = A(:, 1) * (pi/2);
    t = 0;
    for j = 1:1000
        if A(j, 2) <= sin(A(j, 1))
            t = t + 1;
        end
    end
    B(i) = t;
end
c = mean(B)
```

635.9700

于是，求得 π 的近似值为 2000/635.97 = 3.1448

(2) 锁具互开问题：

```
A = [ ];
v = 0;
```

```
for i=1:6
    for j=1:6
        for k=1:6
            for l=1:6
                for m=1:6
                    v=v+1;
                    A(v,:)=[i j k l m];
                end
            end
        end
    end
end
[m,n]=size(A);
t=0;
D=[];
for i=1:m
    s=0;
    C=[];
    for j=1:4
        s=s+1;
        C(s)=A(i,j)-A(i,j+1);
    end
    C=abs(C);
    if max(C)>4.5
        t=t+1;
        D(t)=i;
    end
    if sum(C)<0.5
        t=t+1;
        D(t)=i;
    end
    a=A(i,1);
    for k=1:4
        if abs(A(i,k)-A(i,k+1))>0.5
            break
        end
    end
    b=A(i,k+1);
    u=0;
```

```matlab
    B=[];
    for l=(k+1):5
        u=u+1;
        x=A(i,l)-a;
        y=A(i,l)-b;
        B(u)=abs(x*y);
    end
    if sum(B)<0.5
        t=t+1;
        D(t)=i;
    end
end
A(D,:)=[];
[m,n]=size(A)
H=[];

for y=1:100
    B=[];
    for l=1:60
        c=round(rand*(m-2))+1;
        B(l,:)=A(c,:);
        m=m-1;
    end
    [m,n]=size(B);
    F=[];
    G=[];
    j=0;
    k=0;
    for i=1:m
        a=sum(B(i,:));
        if mod(a,2)==0
            j=j+1;
            F(j,:)=B(i,:);
        else
            k=k+1;
            G(k,:)=B(i,:);
        end
    end
    [m,n]=size(F);
```

```
[s,t] = size(G);
t=0;
for i=1:m
    for j=1:s
        c=F(i,:)==G(j,:);
        d=find(c==1);
        e=length(d);
        if e==5
            t=t+1;
        elseif e==4
            d=find(c~=1);
            f=abs(F(i,d)-G(j,d));
            if f==1
                t=t+1;
            end
        end
    end
end
H(y)=t;
[m,n]=size(A);
end
H
mean(H)
```

---

m =

　　　5880

n =

5

ans =

　　2.3000

由此可见，一批锁具中不同的锁共有 5880 个，而对于随机取出的一箱锁中，能够互开的对数平均为 2.3000。

习 题 六 (七)

1. 在区域 $\{(x,y)\mid 0\leqslant x\leqslant 1,0\leqslant y\leqslant 1\}$ 内等可能的任取一点，则由几何概率，该点落入区域 $\{(x,y)\mid x^2+y^2\leqslant 1\}$ 的概率为 $\dfrac{\pi}{4}$，设计实验由此计算 π 的数值。

2. 若将锁具互开问题中槽的个数改为 4 个，其余条件不变，求解该问题。

实验十 羊群的收获问题

实验目的：掌握种群繁殖的莱斯利模型，了解净繁殖率的概念，会利用该模型对种群收获问题做出一般讨论。

实验方法：考察一个羊群的生长模型，以一年为生长和收获周期，研究持续收获模型、均匀收获模型和只收获特定年龄组问题。

一、问题的提出

某农场饲养一个羊群，以一年为一个生长和收获单位，其中生长意味着将羊群分为若干组，每组对应一个年龄，一年后，低一年龄的羊增加一龄，变化到下一组，而各组年龄的羊所繁殖的后代均进入最低年龄组。而收获意味着农场从羊群中收获（屠宰或其他用途）的羊，以一年为一个收获单位是指每一年在特定时间（通常是生长周期末）进行收获。为考虑问题方便，特做如下假设：

(1) 由于公羊不进行繁殖，所以模型只考虑母羊，即每一年龄组的羊均为雌性。

(2) 最高年龄组的羊在一个生长周期后自动离开系统。

(3) 只考虑繁殖和死亡的情形，不考虑其他因素对羊群自然增长的影响。

所谓持续收获是指这样的收获：收获后的羊群每一年龄组的羊数与上次收获后相同。

所谓均匀收获是指在持续收获的前提下，对每一年龄段的羊群有着相同的收获比例。

所谓只收获特定年龄组是指在持续收获的前提下，只对某一特定的年龄组进行收获，即只从该特定年龄组中收获一定比例。

现在考虑这样的问题：

(1) 在给定每一年龄组的繁殖比例和死亡比例后，如何获得羊群自然繁殖的模型？

(2) 每个年龄组采用什么样的收获比例，才可以保持持续收获？

(3) 在持续收获的前提下，均匀收获的收获比例如何确定？

(4) 在持续收获的前提下，如果要收获特定年龄组，那么此特定年龄组的收获比例如何？

给定初始数据如下：羊群共分为 12 个年龄组，即十二岁的羊第二年自动离开系统。各年龄段的羊群能够进入（活到）下一年龄组的比例依年龄次序依次是：

0.845，0.975，0.965，0.950，0.926，0.895，0.850，0.786，0.691，0.561，0.370

而每一年龄段的羊在当年能够繁殖雌性后代的平均数依年龄次序依次是：

0，0.045，0.391，0.472，0.484，0.546，0.543，0.502，0.468，0.459，0.433，0.421

二、模型的建立

(一) 自然繁殖模型

设第 k 年年初时,各年龄段的羊数分别为 $x_1^{(k)}$, $x_2^{(k)}$, $\cdots$, $x_{12}^{(k)}$,并且称向量

$$x^{(k)} = \begin{bmatrix} x_1^{(k)} \\ x_2^{(k)} \\ \vdots \\ x_{12}^{(k)} \end{bmatrix}$$

为第 k 年的年龄分布向量,则显然有

$$x_1^{(k+1)} = \sum_{i=1}^{12} a_i x_i^{(k)}, \quad k = 1, 2, 3, \cdots$$

其中 a_i 表示各年龄段的羊在当年能够繁殖雌性后代的平均数,即

$$a_1 = 0, a_2 = 0.045, a_3 = 0.391, \cdots, a_{12} = 0.421$$

记为

$$\begin{bmatrix} a_1 \\ a_2 \\ \vdots \\ a_{12} \end{bmatrix} = \begin{bmatrix} 0 \\ 0.045 \\ \vdots \\ 0.421 \end{bmatrix}$$

而

$$x_{i+1}^{(k+1)} = b_i x_i^{(k)}, \quad i = 1, 2, 3, \cdots, 11; k = 1, 2, 3, \cdots$$

其中 b_i 表示各年龄段的羊群能够进入(活到)下一年龄组的比例,即

$$b_1 = 0.845, b_2 = 0.975, \cdots, b_{11} = 0.370$$

记为

$$\begin{bmatrix} b_1 \\ b_2 \\ \vdots \\ b_{11} \end{bmatrix} = \begin{bmatrix} 0.845 \\ 0.975 \\ \vdots \\ 0.370 \end{bmatrix}$$

由以上讨论,可以得到相邻两年年龄分布向量的关系为

$$x^{(k+1)} = Lx^{(k)} \tag{6.10.1}$$

其中

$$L = \begin{bmatrix} a_1 & a_2 & a_3 & \cdots & a_{11} & a_{12} \\ b_1 & 0 & 0 & \cdots & 0 & 0 \\ 0 & b_2 & 0 & \cdots & 0 & 0 \\ \vdots & \vdots & \vdots & & \vdots & \vdots \\ 0 & 0 & 0 & \cdots & b_{11} & 0 \end{bmatrix}$$

$$= \begin{bmatrix} 0 & 0.045 & 0.391 & 0.472 & 0.484 & 0.546 & 0.543 & 0.502 & 0.468 & 0.459 & 0.433 & 0.421 \\ 0.845 & 0 & 0 & 0 & 0 & 0 & 0 & 0 & 0 & 0 & 0 & 0 \\ 0 & 0.975 & 0 & 0 & 0 & 0 & 0 & 0 & 0 & 0 & 0 & 0 \\ 0 & 0 & 0.965 & 0 & 0 & 0 & 0 & 0 & 0 & 0 & 0 & 0 \\ 0 & 0 & 0 & 0.950 & 0 & 0 & 0 & 0 & 0 & 0 & 0 & 0 \\ 0 & 0 & 0 & 0 & 0.926 & 0 & 0 & 0 & 0 & 0 & 0 & 0 \\ 0 & 0 & 0 & 0 & 0 & 0.895 & 0 & 0 & 0 & 0 & 0 & 0 \\ 0 & 0 & 0 & 0 & 0 & 0 & 0.850 & 0 & 0 & 0 & 0 & 0 \\ 0 & 0 & 0 & 0 & 0 & 0 & 0 & 0.786 & 0 & 0 & 0 & 0 \\ 0 & 0 & 0 & 0 & 0 & 0 & 0 & 0 & 0.691 & 0 & 0 & 0 \\ 0 & 0 & 0 & 0 & 0 & 0 & 0 & 0 & 0 & 0.561 & 0 & 0 \\ 0 & 0 & 0 & 0 & 0 & 0 & 0 & 0 & 0 & 0 & 0.370 & 0 \end{bmatrix}$$

即

$$\begin{bmatrix} x_1^{(k+1)} \\ x_2^{(k+1)} \\ \vdots \\ x_{12}^{(k+1)} \end{bmatrix} = \begin{bmatrix} a_1 & a_2 & a_3 & \cdots & a_{11} & a_{12} \\ b_1 & 0 & 0 & \cdots & 0 & 0 \\ 0 & b_2 & 0 & \cdots & 0 & 0 \\ \vdots & \vdots & \vdots & & \vdots & \vdots \\ 0 & 0 & 0 & \cdots & b_{11} & 0 \end{bmatrix} \begin{bmatrix} x_1^{(k)} \\ x_2^{(k)} \\ \vdots \\ x_{12}^{(k)} \end{bmatrix}$$

以上矩阵 L 代表了在一定繁殖比例和死亡比例下，相邻两年的羊群数量转化关系。一般称该矩阵为莱斯利矩阵，而称这种考察种群增长的模型为莱斯利模型。

将式（6.10.1）进行迭代，可得

$$x^{(k)} = Lx^{(k-1)} = L^2 x^{(k-2)} = \cdots = L^{(k)} x^{(0)}$$

其中 $x^{(0)}$ 为初始种群年龄分布。由此可见，只要知道初始羊群年龄分布以及莱斯利矩阵，就可以计算出任意一年的羊群年龄分布。

如同实验七中的作物育种问题一样，假如矩阵 L 可以对角化，则可以很方便的计算第 k 年的羊群年龄分布。

矩阵 L 的特征多项式为

$$P(\lambda) = | \lambda E - L | = \lambda^n - a_1 \lambda^{n-1} - a_2 b_1 \lambda^{n-2} - \cdots - a_n b_1 b_2 \cdots b_{n-1}$$

对于该特征多项式，我们依据代数的理论不加证明的引入如下结论：

（1）该多项式所引导的方程有唯一的正根 λ_1，即莱斯利矩阵必有唯一正特征值，并且有一个所有元素均为正的特征向量。

（2）若 λ_1 为莱斯利矩阵唯一的正特征值，且矩阵中第一行有两个连续的 a_i 和 a_{i+1} 非零，则对于莱斯利矩阵的任意一个特征根 λ，必有 $|\lambda| < \lambda_1$，此时称 λ_1 为严格主特征值。

（3）若莱斯利矩阵有一个严格主特征值 λ_1，则 $\lambda_1 > 1$ 时，总体的最终发展趋势是增长的；$\lambda_1 < 1$ 时，总体的发展趋势是减少的；$\lambda_1 = 1$ 时，总体最终趋向于稳定不变，并且稳定于 λ_1 所对应的特征向量 X_1 的一个倍数，而

$$X_1 = (1, b_1/\lambda_1, b_1b_2/\lambda_1^2, \cdots, b_1b_2\cdots b_{n-1}/\lambda_1^{n-1})^{\mathrm{T}}$$

由于 $\lambda_1 = 1$ 对于羊群年龄分布具有如此重要的意义，所以我们对 $\lambda_1 = 1$ 的情况继续做讨论，由特征多项式可以看出，$\lambda_1 = 1$ 的充要条件是

$$a_1 + a_2b_1 + a_3b_1b_2 + \cdots + a_nb_1b_2\cdots b_{n-1} = 1 \tag{6.10.2}$$

定义 $R = a_1 + a_2b_1 + a_3b_1b_2 + \cdots + a_nb_1b_2\cdots b_{n-1}$ 为总体的净繁殖率。因此，当总体的净繁殖率为 1 时，一个总体从长期看有一个零增长，即羊群年龄分布趋于稳定。而当 $R > 1$ 和 $R < 1$ 时，所对应的可以证明恰好是 $\lambda_1 > 1$ 和 $\lambda_1 < 1$。

(二) 持续收获模型

对于 $\lambda_1 > 1$（或 $R > 1$）的情形，由于羊群最终变化的趋势是增长，因此，可以对羊群进行收获，而使得羊群年龄分布保持不变。这时的收获模型，我们称为持续收获模型。假定对于第 i 个年龄段收获的比例为 h_i（$i = 1, 2, 3, \cdots, n$），那么称 $H = \mathrm{diag}[h_1, h_2, \cdots, h_n]$ 为收获矩阵。由于到第 k 年年末羊群年龄分布为 $x^{(k+1)} = Lx^{(k)}$，因此，第 k 年年末的收获向量（每年龄段的收获量所形成的向量）为 $Hx^{(k+1)} = HLx^{(k)}$。为了保持持续收获，显然应该使第 k 年年末的羊群分布向量与收获向量之差等于第 k 年年初的羊群分布向量，从而

$$Lx^{(k)} - HLx^{(k)} = x^{(k)}$$

即

$$(E - H)Lx^{(k)} = x^{(k)}$$

显然，$x^{(k)}$ 是矩阵 $(E - H)L$ 对应于特征根 1 的特征向量。

由于

$$(E - H)L = \begin{bmatrix} (1-h_1)a_1 & (1-h_1)a_2 & \cdots & (1-h_1)a_{n-1} & (1-h_1)a_n \\ (1-h_2)b_1 & 0 & \cdots & 0 & 0 \\ 0 & (1-h_3)b_2 & \cdots & 0 & 0 \\ \vdots & \vdots & & \vdots & \vdots \\ 0 & 0 & \cdots & (1-h_n)b_{n-1} & 0 \end{bmatrix}$$

仍为莱斯利矩阵，由式 (6.10.2)，其有特征根 1 的充要条件为

$$(1-h_1)[a_1 + a_2b_1(1-h_2) + a_3b_1b_2(1-h_2)(1-h_3)$$
$$+ \cdots + a_nb_1\cdots b_{n-1}(1-h_2)\cdots(1-h_n)] = 1 \tag{6.10.3}$$

这就是持续收获时，各年龄段收获比例 h_i（$i = 1, 2, 3, \cdots, n$）应满足的条件，当 h_i 满足以上条件时，可以达到持续收获，并且收获后的羊群年龄向量应为向量

$$X_1 = (1, b_1(1-h_2), b_1b_2(1-h_2)(1-h_3), \cdots, b_1b_2\cdots b_{n-1}(1-h_2)\cdots(1-h_n))^{\mathrm{T}}$$

的倍数，其中 X_1 为此时求得的对应于特征根 1 的特征向量。

(三) 均匀收获模型

所谓均匀收获就是在不同年龄段中收获相同的比例，因此

$$h_1 = h_2 = \cdots = h_n = h$$

所以

$$(\boldsymbol{E} - \mathrm{diag}[h, h, \cdots, h])\boldsymbol{L}\boldsymbol{x}^{(k)} = \boldsymbol{x}^{(k)}$$

即

$$\boldsymbol{L}\boldsymbol{x}^{(k)} = \frac{1}{1-h}\boldsymbol{x}^{(k)}$$

于是，因 $0 \leqslant h \leqslant 1$，所以 $\frac{1}{1-h}$ 为 $\boldsymbol{L}$ 的唯一正特征根，即 $\frac{1}{1-h} = \lambda_1$。

由此有

$$h = 1 - \frac{1}{\lambda_1}$$

就是说，对于 $\lambda_1 > 1$（或 $R > 1$）这种羊群趋势增长的总体而言，取 $h = 1 - \frac{1}{\lambda_1}$ 时，可以达到均匀收获，也就是在不同年龄段中以相同比例收获的目的，并保持羊群年龄向量不变化，即持续收获。此时羊群年龄结构向量显然正比于特征向量

$$\begin{aligned}
\boldsymbol{X}_1 &= (1, b_1(1-h_2), b_1b_2(1-h_2)(1-h_3), \cdots, b_1b_2\cdots b_{n-1}(1-h_2)\cdots(1-h_n))^{\mathrm{T}} \\
&= (1, b_1(1-h), b_1b_2(1-h)(1-h), \cdots, b_1b_2\cdots b_{n-1}(1-h)\cdots(1-h))^{\mathrm{T}} \\
&= (1, b_1/\lambda_1, b_1b_2/\lambda_1^2, \cdots, b_1b_2\cdots b_{n-1}/\lambda_1^{n-1})^{\mathrm{T}}
\end{aligned}$$

（四）只收获特定年龄组模型

我们考虑只收获最小年龄组模型。此时，可以令 $h_1 = h$，$h_2 = h_3 = \cdots = h_n = 0$，由式（6.10.3），得到

$$(1-h)(a_1 + a_2b_1 + a_3b_1b_2 + \cdots + a_nb_1\cdots b_{n-1}) = 1$$

解得

$$h = 1 - \frac{1}{R}$$

容易计算，此时有

$$\boldsymbol{X}_1 = (1, b_1, b_1b_2, \cdots, b_1b_2\cdots b_{n-1})^{\mathrm{T}}$$

即当以 $h = 1 - \frac{1}{R}$ 的比例收获最小年龄组的羊群时，可以达到持续收获的目的，并且此时羊群年龄稳定在 $\boldsymbol{X}_1 = (1, b_1, b_1b_2, \cdots, b_1b_2\cdots b_{n-1})^{\mathrm{T}}$ 的倍数上。

三、模型的求解

针对问题所给数据，编制 Matlab 程序求解如下：

```
A = zeros(12);
A(1, 2) = 0.045; A(1, 3) = 0.391; A(1, 4) = 0.472; A(1, 5) = 0.484; A(1, 6) = 0.546;
A(1, 7) = 0.543; A(1, 8) = 0.502; A(1, 9) = 0.468; A(1, 10) = 0.459; A(1, 11) = 0.433; A(1, 12) = 0.421;
A(2, 1) = 0.845; A(3, 2) = 0.975; A(4, 3) = 0.965; A(5, 4) = 0.950; A(6, 5) = 0.926; A(7, 6) = 0.895;
A(8, 7) = 0.850; A(9, 8) = 0.786; A(10, 9) = 0.691; A(11, 10) = 0.561; A(12,
```

```
11) = 0.370;
x = eig(A);
t1 = max(x)
h1 = 1 - 1/t1
x1 = [ ];
x1(1) = 1;
B = A;
B(1, :) = [ ];
C = A(1, :);
d = diag(B);
for i = 2:12
    x1(i) = prod(d(1:(i-1)))/t1^(i-1);
end
x1 = x1´
sum = C(1);
for i = 2:12
    q = C(i) * prod(d(1:(i-1)));
    sum = sum + q;
end
R = sum
h2 = 1 - 1/R
x2 = [ ];
x2(1) = 1;
for i = 2:12
    x2(i) = prod(d(1:(i-1)));
end
x2 = x2´
t1 = 1.1756
h1 = 0.1493
x1 = 1.0000   0.7188   0.5962   0.4894 0.3955 0.3115   0.237   0.1715
       0.1147   0.0674   0.0322   0.0101
R = 2.5137
h2 = 0.6022
x2 = 1.0000   0.8450   0.8239   0.795 0.7553   0.6994 0.6260   0.5321
       0.4182   0.2890   0.162   0.0600
```

四、结论

对于问题中给出的数据,经计算得到:

(1) $\lambda_1 = 1.1756 > 1$,即羊群的变化趋势是始终增长,且增长情况符合莱斯利模型,相应的莱斯利矩阵就是由繁殖比例和死亡比例所确定的矩阵。

(2) 持续收获时, 各年龄段收获比例 $h_i (i = 1, 2, 3, \cdots, n)$ 应满足的条件为:

$$(1 - h_1)[0 + 0.0380(1 - h_2) + 0.0322(1 - h_2)(1 - h_3) + \cdots$$
$$+ 0.0253(1 - h_2)\cdots(1 - h_n)] = 1$$

其中中括号内各系数依次为:

0, 0.0380, 0.0322, 0.3753, 0.3656, 0.3819, 0.3399, 0.2617, 0.1957, 0.1326, 0.0702, 0.0253

并且, $h_i (i = 1, 2, 3, \cdots, n)$ 为对于第 i 个年龄段收获的比例。且收获后的羊群年龄向量应为向量 $\boldsymbol{X}_1 = (1, b_1(1 - h_2), b_1 b_2 (1 - h_2)(1 - h_3), \cdots, b_1 b_2 \cdots b_{n-1}(1 - h_2)\cdots(1 - h_n))^{\mathrm{T}}$ 的倍数。

其中向量各分量可计算得系数依次为:

1, 0.845, 0.824, 0.795, 0.755, 0.699, 0.626, 0.532, 0.418, 0.289, 0.162, 0.060

(3) 在持续收获的前提下, 均匀收获的收获比例应为 14.93%, 此时羊群年龄结构向量为向量 (1.0000, 0.7188, 0.5962, 0.4894, 0.3955, 0.3115, 0.2372, 0.1715, 0.1147, 0.0674, 0.0322, 0.0101) 的一定倍数。

(4) 在持续收获的前提下, 如果要收获最小年龄组, 那么此最小年龄组的收获比例应为 60.22%, 此时羊群年龄结构向量为向量 (1.0000, 0.8450, 0.8239, 0.7950, 0.7553, 0.6994, 0.6260, 0.5321, 0.4182, 0.2890, 0.1621, 0.0600) 的一定倍数。

习 题 六 (八)

1. 如果只收获羊群的第 i 年龄组, 求相应的收获百分数。

2. 如果收获第 i 年龄组的全部和第 j 年龄组的 50%, 求收获量占总羊群的百分数。

参考文献

陈文伟. 2000. 决策支持系统及其开发. 北京：清华大学出版社

方跃，张铁男. 1993. 线性规划. 哈尔滨：哈尔滨船舶工程学院出版社

高惠璇. 2001. 实用统计方法与 SAS 系统. 北京：北京大学出版社

关治，陆金甫. 1998. 数值分析基础. 北京：高等教育出版社

郭锡伯等. 1998. 高等数学实验课讲义. 北京：中国标准出版社

何晓群. 2001. 现代统计分析方法与应用. 北京：中国人民大学出版社

洪楠. 2000. SPSS for Windows 统计分析教程. 北京：电子工业出版社

胡运权. 1998. 运筹学基础. 哈尔滨：哈尔滨工业大学出版社

贾恩志，王海燕等. 2001. SPSS for Windows 10.0 科研统计应用. 南京：东南大学出版社

焦光虹. 2001. 数学实验. 哈尔滨：哈尔滨工业大学出版社

乐经良. 2000. 数学实验. 北京：高等教育出版社

李继玲等. 2004. 数学实验基础，北京：清华大学出版社

李庆扬，王能超，易大义. 2001. 数值分析. 北京：清华大学出版社，Springer 出版社

李尚志等. 2000. 数学实验. 北京：高等教育出版社

龙子泉，陆菊春. 2002. 管理运筹学. 武汉：武汉大学出版社

卢纹岱. 2000. SPSS for Windows 统计分析. 北京：电子工业出版社

孟军等. 2003. 应用蒙特卡洛方法对黑龙江创业农场水稻单产变化的预测. 生物数学学报，2

裴鑫德. 1990. 线性规划、目标规划及其农业应用. 北京：科学技术文献出版社

邵峰晶，于忠清. 2003. 数据挖掘原理与算法. 北京：中国水利水电出版社

史忠植. 2002. 知识发现. 北京：清华大学出版社

宋学峰. 2003. 运筹学. 南京：东南大学出版社

苏金明，张莲花，刘波等. 2004. Matlab 工具箱应用. 北京：电子工业出版社

苏金明等. 2002. Matlab 实用指南. 北京：电子工业出版社

万中等. 2001. 数学实验. 北京：科学出版社

卫海英. 2000. SPSS 10.0 for Windows 在经济管理中的应用. 北京：中国统计出版社

魏贵民等. 2003. 理工数学实验，北京：高等教育出版社

萧树铁. 2001. 数学实验. 北京：高等教育出版社

徐萃薇. 1997. 计算方法引论. 北京：高等教育出版社

徐中儒. 1988. 农业试验最优回归设计. 哈尔滨：黑龙江科学技术出版社

薛定宇. 1996. 控制系统计算机辅助设计——Matlab 语言及应用. 北京：清华大学出版社

易大义，沈云宝，李有法. 1989. 计算方法. 杭州：浙江大学出版社

于秀林，任雪松. 1999. 多元统计分析. 北京：中国统计出版社

张国权. 2004. 数学实验. 北京：科学出版社

张琳. 1993. 指派性问题的拓广——竞争型指派问题. 福州大学学报·哲学社会科学版，3

张宜华. 1999. 精通 Matlab5. 北京：清华大学出版社

周晓阳. 2002. 数学实验与 Matlab. 武汉：华中科技大学出版社

朱明. 2002. 数据挖掘. 合肥：中国科学技术大学出版社

Jiawei Han, Micheline Kamber. 2001. 数据挖掘概念与技术. 范明，孟小峰 译. 北京：机械工业出版社

Mehmed Kantardzic. 2003. 数据挖掘——概念、模型、方法和算法. 闪四清，陈茵，程雁译. 北京：清华大学出

版社

Stoer J, Bulirsch R. 1980. Introduction to Numerical Analysis. New York：Springer-Verlag

Walter Gander, 赫比克. 1999. 用 Maple 和 MATLAB 解决科学计算问题. 刘来福, 何青等译. 北京：高等教育出
版社

附　　录

例5.1.1　Matlab 函数文件 Apriori. m。

```
function Apriori(A)
% 事务数据的矩阵表示 A=[1 1 0 0 1;0 1 0 1 0;0 1 1 0 0;1 1 0 1 0;1 0 1 0 0;
0 1 1 0 0;1 0 1 0 0;1 1 1 0 1;1 1 1 0 0];
lk=[];[m,n]=size(A);B=sum(A);
for i=1:n
    if B(i)>=2
        lk=cat(1,lk,i);          %频繁一项集的产生
    end
end
lk1=lk                           % 频繁一项集的输出
lk=[];ck=[];
[m1,n1]=size(lk1);               % 二项集的产生
for i=1:m1-1
    for j=i+1:m1
    bb=[lk1(i),lk1(j),0];ck=cat(1,ck,bb);
end
end
[m1,n1]=size(ck);
    for i=1:m1
        for j=1:m
            if A(j,ck(i,1))*A(j,ck(i,2))==1
                ck(i,3)=ck(i,3)+1;
            end
        end
end
ck2=ck
dd=[];                                %用于记录要删除的二项集,以便于三项集检验
lk2=[];[m1,n1]=size(ck);
```

```matlab
for i = 1:m1
    if ck(i, 3) < 2                    % 删除频度小于 2 的二项集
        dd = cat(1, dd, ck(i, 1:2)); ck(i, :) = [0 0 0];
    else lk2 = cat(1, lk2, ck(i, 1:2));
    end
end
lk2                                    % 频繁二项集的输出
dd; c3 = []; c33 = [];
[m1, n1] = size(lk2);                  % 产生三项集的过程, c3 选择后的三项集
for i = 1:m1 - 1
    for j = i + 1:m1
        if lk2(i, 1) == lk2(j, 1) && lk2(i, 2) ~= lk2(j, 2)
            c33 = [lk2(i, 1), lk2(i, 2), lk2(j, 2)]; c3 = cat(1, c3, c33);
        end
    end
end
c3
[m1, n1] = size(c3); [m2, n2] = size(dd); kk = 0; hh = [];
for i = 1:m2
    for k = 1:m1
        for j = 1:3
            if dd(i, 1) == c3(k, j)
                kk = kk + 1;
            end
            if dd(i, 2) == c3(k, j)
                kk = kk + 1;
            end
        end
        if kk == 2
            hh = cat(1, hh, c3(k, :)); c3(k, :) = [0 0 0];
        end
        kk = 0;
    end
end
c3; lk3 = []; [m3, n3] = size(c3);
for i = 1:m3
    for j = i + 1:m3
```

```matlab
            if c3(i,:) = = c3(j,:)
                c3(i,:) = [0 0 0];
            end
        end
    end
    for i = 1:m3
        if c3(i,:)~ = [0 0 0];
            lk3 = cat(1, lk3, c3(i,:));
        end
    end
    lk3;
    [m3, n3] = size(lk3); lk3 = cat(2, lk3, zeros(m3, 1));
    for i = 1:m3                    %求出候选三项集的支持度,并最终确定频繁三项集
        for j = 1:m
            if A(j, lk3(i, 1)) * A(j, lk3(i, 2)) * A(j, lk3(i, 3)) = = 1
                lk3(i, 4) = lk3(i, 4) + 1;
            end
        end
    end
    lk3                            %频繁三项集及其频度输出
    c4 = lk3(:, 1:3)
    cc4 = [ ]; [m4, n4] = size(c4);
    for i = 1:m4 - 1
            for k = 1:3
            if c4(i, k) = = c4(i + 1, k)
                cc4 = cat(2, cc4, [c4(i, k)]);
            else
                cc4 = cat(2, cc4, [c4(i, k), c4(i + 1, k)]);
            end
        end
    end
    cc4
    hh; nnn = 0; [m4, n4] = size(hh); [m5, n5] = size(cc4);
    for i = 1:m4
        for j = 1:n4
            for k = 1:n5
            if hh(i, j) = = cc4(1, k)
```

```
                nnn = nnn + 1;
            end
          end
        end
        if nnn~ = n4
            nnn = 0;
        else
        cc4 = [ ] ;
          break
        end
    end
        cc4
end
end
end
```